SCIENCE

岩波科学ライブラリー 289

驚異の量子コンピュータ

宇宙最強マシンへの挑戦

藤井啓祐

岩波書店

はじめに

『量子力学』という言葉は、現代のほとんどの人にとっては馴染みがないかもしれない。『量子』の『力学』は、原子や電子などのような直接目で見ることができないミクロな世界を支配する物理法則を指すもので、我々を取り巻く世界を説明するための最も根源的な枠組みを提供する学問体系である。

すでに、スマートフォンやパソコンなどのコンピュータ(半導体)、人間ドックで利用される診断装置ＭＲＩ(磁気共鳴画像法)、ＤＶＤやブルーレイディスクの読み取りなどに利用されるレーザーなど、量子力学は我々の日常生活を影から支えている。さらに20世紀末から21世紀にかけて、量子力学への理解や技術が成熟し、量子的にふるまうミクロな世界を直接制御する技術が発展してきた。その結果、21世紀になり量子力学は影からついに表舞台へと躍り出ることになり、その不思議な性質を実際に確かめることができるようになった。これに付随し、量子力学の不思議な性質を情報科学的な観点から理解し直し、その量子性を積極的に応用する、という量子情報科学が誕生している。量子情報科学の研究は基礎・応用、学術・産業問わず、科学技術の数少ないフロンティアとして世界中で盛んに研究が進められている。その代表例が、量子力学の不思議な現象を動作原理とするコンピュータ、『量子コンピュータ』である。

私が量子コンピュータに興味をもち勉強を始めたのは、量子コンピュータの実現といえばまだSF（サイエンス・フィクション）の域を超えなかった2004年、大学3年生の時だった。例えば、2007年に公開された米国の実写映画版『トランスフォーマー』シリーズ第1作で、エアフォースワンのセキュリティを難なく突破したエイリアンを評したのが以下のセリフだ。

「――この生物は進化を続けています。いずれフーリエ変換の域を超えて量子力学の域に達するでしょう。」

フーリエ変換の域を超えると量子力学の域になるかどうかはさておき、たかだか十数年前には、よくわからないけれどもすごそうな言葉の代名詞として量子力学が挙げられている。実際、量子コンピュータの重要なアルゴリズムでは「量子」フーリエ変換が利用されていて、2019年現在、この域に達しつつあるのかもしれない。2004年当時、すでに基本的な原理実証実験は実現されていたものの、極めて単純な実験装置であって、コンピュータと呼べるようなシステムは夢のまた夢だった。2000年代なかばにあって、量子コンピュータの実現は30年先とも50年先とも言われていた。

私は、もともとエンジンとかマイクロマシンとか緻密に設計され動作している機械などいかにも工学的なものに興味をもって工学部に入学した。一方で、大学に入って専門分野を学ぶ中で、せっかく大学にいるのだから、すでに世の中にあるものを研究しても面白くないと思っていた。高校までの勉強とは違い、大学における工学はどんどん専門分野に分かれていき、何か根源的なもの、普遍的なものへの憧れというのが強くなってしまった。つまり、目標を失ってしまったのだが、そんな私が魅了されたのが、単純なルールで我々の住む物理世界の基本的なルールを説明する量子力学だった。ただ、応用や工学をしたいという志向は強かったので、量子力学そのものを研究したいという気持ちはそんなに大きくなかった。そんな頃に、本屋でたまたま手に取った日経サイエンスの別冊号で、量子情報科学や量子コンピュータの存在を知った。究極の物理法則である量子力学を応用して、情報科学を展開する、しかも量子コンピュータはまだまだ実現していない。これはまさに当時の私にピッタリなテーマだった。

それから、まさか十数年後に、インターネット経由で誰でもアクセスできる量子コンピュータを使って、プログラムを動かせる時代が早々に来るなどとはまったく思っていなかった。科学技術の進展はめざましく、10年先などまったく予想できないということを今実感している。最近では、グーグル、ＩＢＭ、インテル、マイクロソフトといったＩＴの巨頭たちがこぞって量子コンピュータの実現に向けた研究開発競争を繰り広げている。ＩＢＭは、インターネットを介して誰でも使えるようにクラウド上で量子コンピュータを公開し、グーグルは独自開発した量子コンピュータとスーパーコンピュータを競争させようとしている。大企業ばかりではない。D-Wave社(D-Wave Systems)やリゲッティ・コンピューティング(Rigetti Computing)といったベンチャー企業も量子コンピュータ実現に向けた戦いに参入し、量子コンピュータのハードウェア開発に先鞭をつけた。壮大な夢を謳い、ひと昔前まで実現不可能とまで言われていた量子コンピュータを取り巻く環境は、ここ数年で完全に変貌をとげてしまった。

本書の校了を間近に控えたまさにこの瞬間にも、従来コンピュータの頂点に立つスーパーコンピュータが1万年かかる計算をグーグルが開発した量子コンピュータは数分でやってのけてしまうという驚異的な潜在能力が実証されたという発表があった。人類史上はじめて量子力学の原理で動くコンピュータが従来のコンピュータに対して数学的にきちんと定式化された問題において圧勝するという歴史的瞬間、量子超越性を達成したというのだ。私は、この論文の査読をした3人の研究者のうちの一人である。開発競争を繰り広げるIBMのグループからは、スーパーコンピュータをうまく使えば、2・5日に計算時間を短縮できるという反論も出ている。しかし、いずれにせよ数分と数日の差は大きい。今後も量子コンピュータは進化し、従来のコンピュータの性能を圧倒するであろう。

このニュースは世界のメディアですぐさま広まり、量子コンピュータによって現在の暗号システムが解読されてしまうのではないかという不安も広がった。それを受けて仮想通貨であるビットコインが一時的に暴落した。しかし、これは過剰反応である。残念ながら、現在の量子コンピュータの能力は限られている。今回、量子コンピュータにとって有利であり、従来コンピュータにとって不得意な問題設定でやっと量子コンピュータに軍配が上がったというだけである。

残念ながら、明日から我々が日常的に使っているコンピュータが量子コンピュータに置き換わるわけでも、既存の暗号システムが瞬時にすべて解読されるわけでもない。量子コンピュータが実用的な問題で従来コンピュータを凌駕するためにはまだ10年以上の年月を要すると考えられている。それでもなお、我々の住む宇宙を支配する物理法則と同じ量子力学で動作するコンピュータ、いわば宇宙最強のコンピュータを作り上げ、精密に制御し、実行したい計算をプログラムし、その計算結果が従来コンピュータでシミュレーションできない域に達したという事実は、科学技術における歴史的な転換点を迎えたと言える。我々研究者は今、この世界的な奔流によって科学技術に大きな転換がもたらされつつあるのを興奮とともに体感している。

本書は、このような興奮を少しでも多くの方に体感してもらいたいという思いで、執筆を始めた。量子コンピュータをめぐる研究開発競争はいったい何処をめざしているのか？　そもそも、量子コンピュータとはいったい何であり、どのように驚異的なのか？　そして、量子コンピュータはこの先我々人類に何をもたらしうるのか？　できるだけわかりやすく、そして科学的に正確に、解説していきたいと思う。

２０１９年11月

藤井啓祐

目次

第Ⅱ部　量子コンピュータの仕組み　41

イラスト（図1、3、6、10、11、12、14、15、16、17、18）＝いずもり・よう

第I部
物理学とコンピュータの歴史

1章 量子力学の誕生

古典物理学の限界

量子コンピュータについて説明する前に、まずは量子力学誕生までの物理学の歴史を簡単にひもといてみよう。我々を取り巻く様々な「物(もの)」のふるまいを支配する「理(ことわり)」を探求する学問が物理学である。それは、身近な現象に素朴な疑問を投げかけることから始まった。例えば、ボールを投げ上げるとなぜ弧を描いて落ちてくるのか? あるいは、東の夜空に昇る月はなぜ西に沈み、決まった周期で満ち欠けを繰り返すのか? こういった疑問を追究したイタリアの科学者ガリレオ・ガリレイは、天体の動きをつぶさに観察するために手ずから望遠鏡を開発し、月の満ち欠けの仕組みや金星の動きを観察して、これらの天体が円運動をしていることを突き止めた(図1上)。

そうすると、今度は、なぜそのようなルールで物体が落下するのか、なぜ天体が円運動をしているのかという新たな疑問がわく。17世紀末、この問題に現代でも使われている解答を

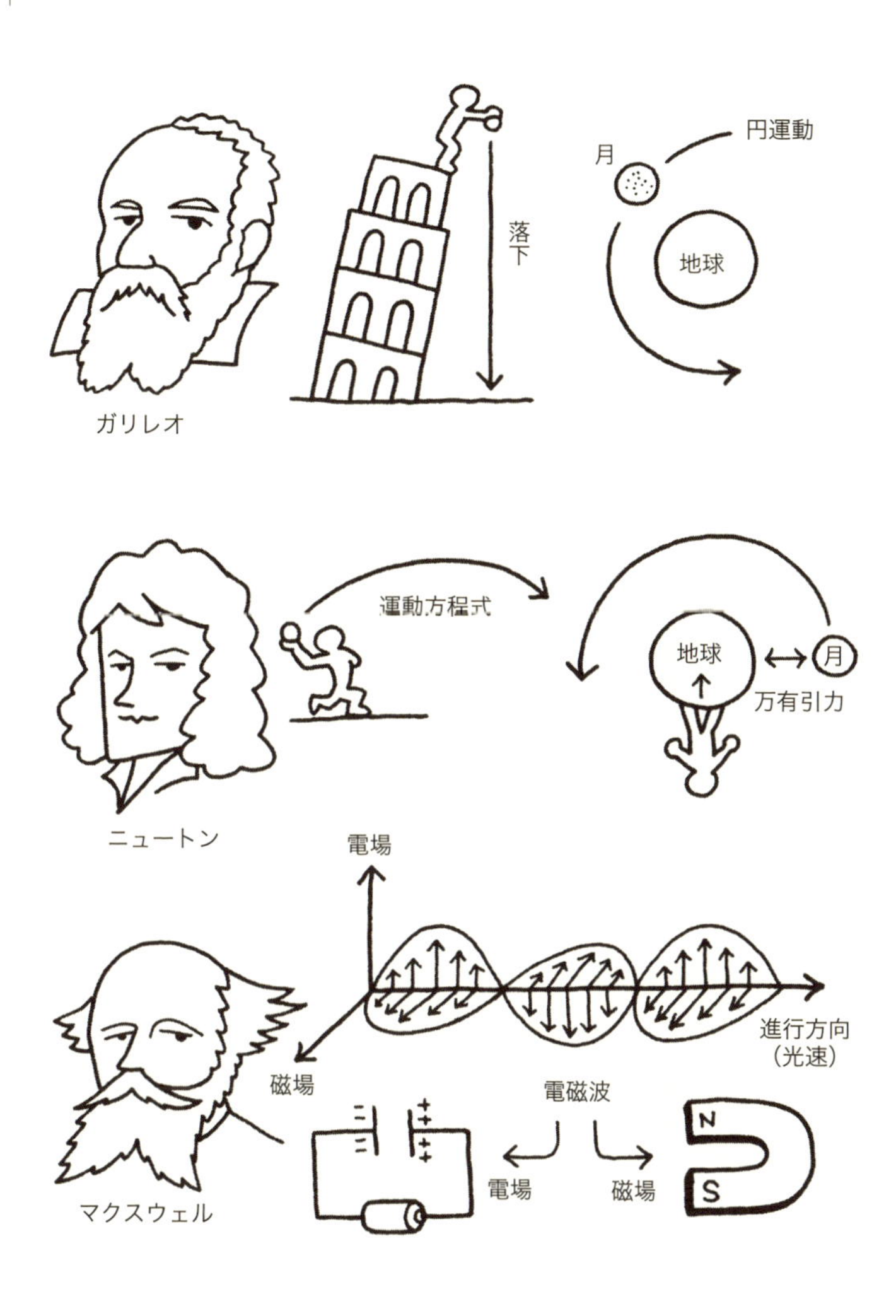
円運動
月
落下
地球
ガリレオ
運動方程式
地球
月
万有引力
ニュートン
電場
進行方向
(光速)
磁場
電磁波
電場
磁場
N
S
マクスウェル

図 1 古典物理学の確立

与えたのが、イギリスの科学者アイザック・ニュートンである。ニュートンは、物体に力を与えたときにどのような運動をするかを表すニュートンの運動方程式を定式化し、物体の運動を決める根本的なルールを発見した。ニュートンはまた、二つの質量(重さ)をもった物体の間には互いに引き合う力(引力)が遠隔作用するという万有引力の法則を発見した。万有引力とニュートンの運動方程式を組み合わせることによって、天体の動きを理解できるようになった。これによって、物体はどのように運動するのかという問いかけに対してそれを支配する統一的なルールを得ることができた(図1中)。

一方で、我々の目に見える事象は物体の運動だけで理解できるわけではない。例えば、磁石がくっついたり、反発し合ったりするのはなぜか？　雷とは一体何なのか？　太陽から地球へと降り注ぐ光とは一体何なのか？　物体の運動や万有引力だけでは説明できないことがまだたくさんあった。このような現象は産業革命のさなかにあった19世紀の多くの科学者たちの探究心を惹きつけ、電磁気学が発展した。雷や電気の流れの研究をしたベンジャミン・フランクリン、電荷を帯びた粒子に働く力を見つけたシャルル・ド・クーロン、電池を発明したアレッサンドロ・ボルタ、電流と磁場との関係を明らかにしたアンドレ＝マリ・アンペールなど多くの科学者が電気と磁気に関する発見をし、そのルールがだんだんと明らかになってきた。その後、これらたくさんのルールを、一つのシンプルなルールで説明する電磁気学がジェームズ・クラーク・マクスウェルによって大成される(図1下)。太陽から放出される光は、電磁波という波である。携帯電話で遠くの人と話すことができるのも、ＩＣカードを使ってタッチするだけで電車に乗ることができるのも、電磁気学の理解に基づいている。

このようにして、「粒子の運動」と「波の運動」という、我々を取り巻く世界で起こる現象を説明する二つの重要なルールが発見された。これらの二つの物理法則は、当時の人々の身近な疑問のほとんどを説明することに成功し、今でも「古典物理学」として利用されている。本書ではしばしば「古典」という言葉が登場するが、これは今でもなお高く評価される代表作という意味に近く、決して古臭いという意味ではない。

当時、これら力学と電磁気学ですべての自然現象は理解でき、物理学は完成されてしまったのではないかと思われていた。フランスの科学者ピエール＝シモン・ラプラスは、初期状態から出発してニュートン方程式とマクスウェル方程式による計算を進めていけば、何ら不確定要素もなく未来のどんな事象であっても（例えば、明日雨が降るか否か）すべて予測できてしまうのではないかと考えた。現代風に言うと、超高性能なコンピュータがあれば、現在の状態をもとに未来に起きることをすべて予測できてしまう、ということだ。このような決定論的世界における超越的な知性はラプラスの悪魔と呼ばれた。

しかし、観測されるすべての現象を古典物理学だけで説明できる時代は長続きしなかった。物理の理解が深まるにつれ、それに基づく様々な応用技術が発達していき、より速く、より遠くの、そしてより小さな世界を観測することができるようになった。古典力学の黎明期にガリレオが天体を観測するための望遠鏡を作ったように、次なる未踏の領域であるミクロな世界を観測するための道具が発達していった。ちょうど20世紀に入った頃、物質を構成しているミクロな要素、原子や電子を観測する技術が成熟した。すると、ニュートンやマクスウェルによる物理の理解では説明のつかない現象が新たに観測されるようになった。ついに、当時の科学のフロンティアに技術が追いついたのである。

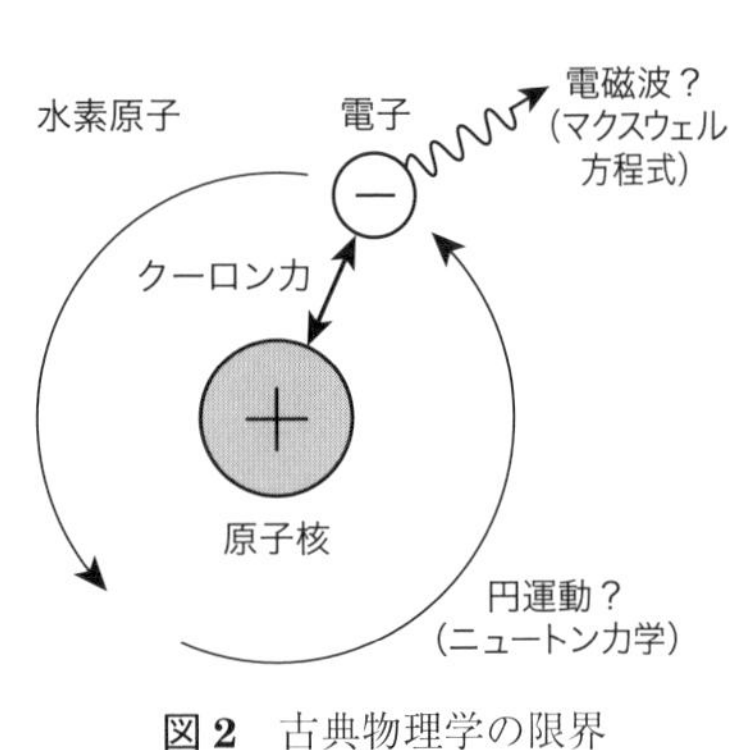

図 2　古典物理学の限界

例えば、原子はマイナスの電荷をもつ軽い粒子である電子と、プラスの電荷をもつ重い原子核から構成されると考えられていたが、ここに矛盾が生じる。プラスとマイナスの電荷が引き合って潰れてしまわないためには、ニュートンの運動方程式に従って、マイナスの電荷が原子核の周りをぐるぐる回転している必要がある(まさに地球の周りを回る月のように)。一方で、マクスウェルの理論に従うと、電荷をもった粒子が回転すると電磁波を放射するため、電子はエネルギーを失い、原子核の周りを回転し続けることができない。つまり原子がどのようにして原子の形を保ち続けられるのか、古典物理学はうまく説明することができなかった(図2)。もちろん原子がどのように結合して分子を作っているのかもよくわからない。他にも、高温でドロドロに溶けた鉄から放出される光と温度の関係など、新たな疑問が次々に出てくることになる。このような古典物理学では説明できない現象は、後に量子力学と呼ばれるようになる理論へと多くの研究者をかきたてた。

電子の奇妙なふるまい

古典物理学では説明できない現象の例として、電子の奇妙な性質が見られる実験を紹介しよう。ここでは、電子は単に量子力学の世界にいるボールだと思ってもらってもかまわない。電子銃(高電圧をかけて電極の先から電子が飛んでいくようにしたもの)から電子を飛ばして壁(スクリーン)にぶつける。電子が壁にぶつかると色がつくようにしておく。単純に壁にぶつけても面白くないので、壁と電子銃の間に衝立を置き、ちょうど電子が当たる位置に二つのスリット(隙間)を作っておこう。電子をこの二重スリットめがけて飛ばすと、壁にはどのような電子の模様が現れるだろうか？　これが、量子の本質を説明する最も明快な実験である二重スリットの実験である。

電子がニュートン力学に従う単なる粒子であるならば、複数の電子を射出したとき、それぞれの粒子は二つのスリットのどちらかを通過し、その背後の壁に着弾する。このとき、壁がスリットに対して十分遠くにあることを考えると図3の左下のような模様になることが予想されるだろう。しかし、実験ではまったく異なる結果になる。図3の右下のように、縞々の模様が出現するのである。

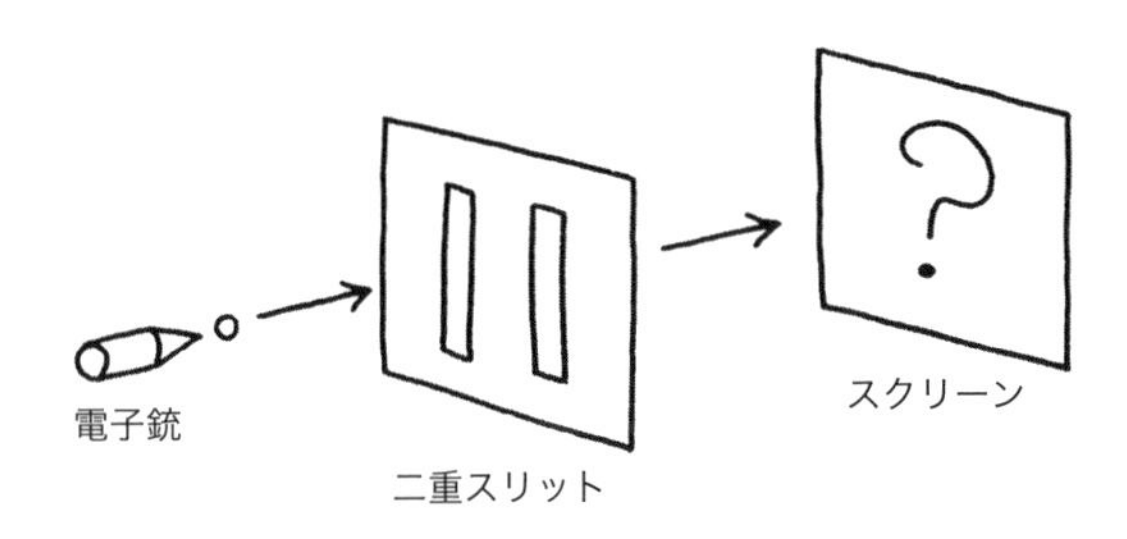

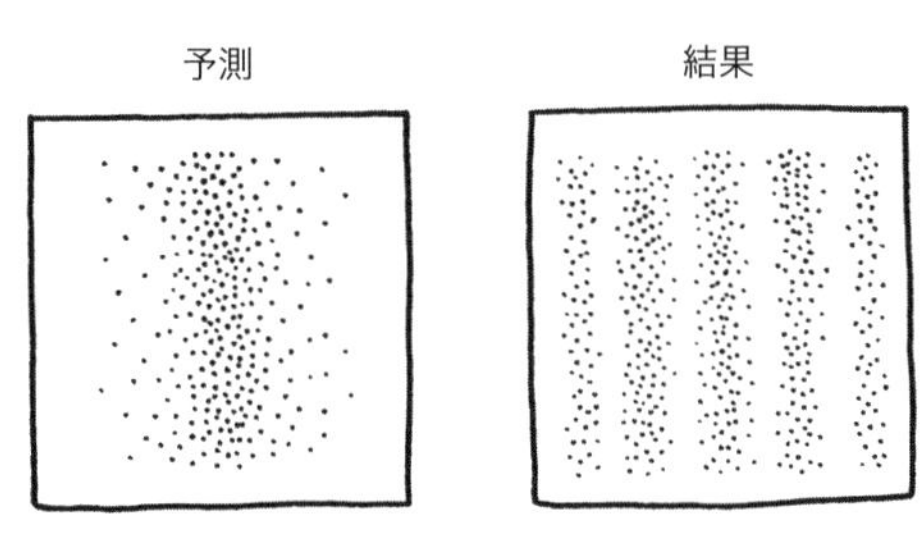

図3　二重スリット実験その1：設定と予測・結果

しかし、この現象を解釈する手がかりはあった。実はこれと同様の二重スリットの実験で、よく似た縞々が観測されることが古くから知られていたのである。それは、光の波動性を示したトマス・ヤングの実験である(図4)。ヤングの実験で用いられたのは、電子ではなく光である。右のスリットと左のスリットを通過した光が重なって干渉し、強め合ったり弱め合ったりすることによってスクリーン上に濃淡が現れ、縞々ができる。これは光が波としてふるまっていることを意味する。この現象は、例えばプレゼンテーションのときに使うレーザーポインタと髪の毛やシャープペンシルの芯など細いものを用いて簡単に再現することができるので、ぜひやってみてもらいたい。光の干渉実験との類似性から、電子も何らかの波の性質をもっていると考えるのが良さそうだ。しかし新たな疑問が残る。壁に着弾した時には粒子の跡が残っており、電子は確かに一粒の粒子のようにふるまっている。壁にぶつかった時に粒子であるならば、電子銃から飛び出しスリットを通過する間ずっと粒子であると考えるのが従来の物理学である。このような波と粒子の両方の性質をもった電子の奇妙なふるまいは、波と粒子を別のものと捉える古典物理学では説明できないのである。

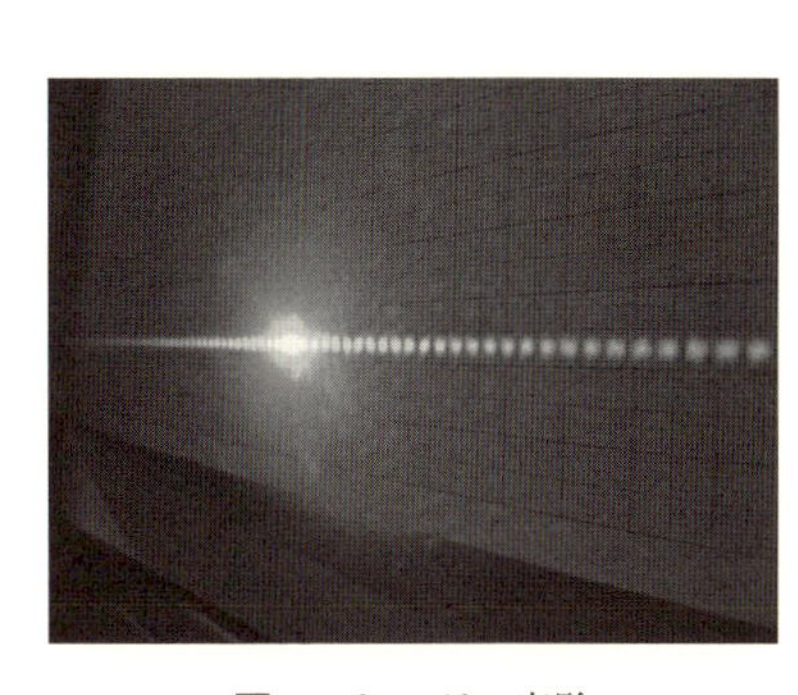

図 4　ヤングの実験
画像提供：国立研究開発法人
量子科学技術研究開発機構

そこで、物理学者たちは大胆に発想を転換した。「粒子」と「波」という古典物理学ではまったく別物と思われていた性質が、実は、もっと超越した何かの別の側面にすぎないのではないかと考えたのである。ある条件では粒子としての性質が顔を出し、またある条件では波としての性質が顔を出すといった具合である。このことは「ネッカーの立方体」に似ている(図5)。ずっと眺めているとどちらの面が手前になっているかが入れ替わる。そして、どのように頑張ってもその二つの性質を同時に見ることはできない。

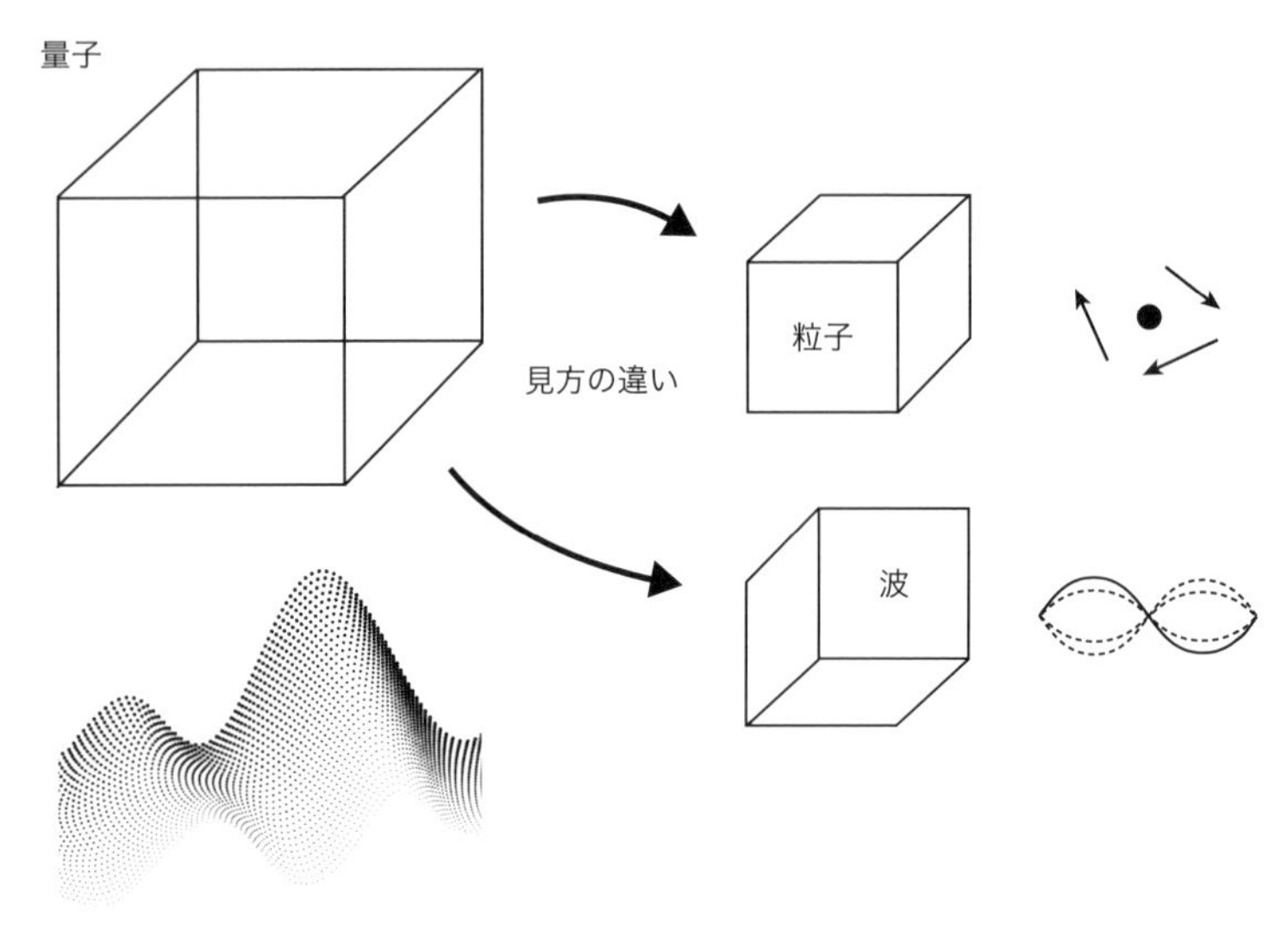

図5　ネッカーの立方体と量子性

図3の、電子の二重スリットの実験では、スクリーン上で電子を「見た」時には粒子として見える。しかし、電子銃から出てきた電子の軌道を見たものは誰もいまい。ならば、電子が飛んでいる間、本当に粒子だったという証拠はないことになる。電子が飛んでいて二重スリットを通過する時には、波としてふるまい、光のように干渉し縞々がスクリーンに現れるというのだ。

物質（粒子）と波の統一

20世紀に入る直前の1900年、ドイツの物理学者マックス・プランクは高温の物体から放出される電磁波（光）の色と温度の関係を説明するために、電磁波のエネルギーは連続的なエネルギーをとりうるのではなく、最小のエネルギー単位があり、飛び飛びの値をとるというプランクの量子仮説を提唱した。そしてこのエネルギーの最小単位は量子と呼ばれることになる。つまり、これまで波と思っていたものに決まったエネルギーをもった粒々のような性質が見つかったのである。1905年には、アルバート・アインシュタインが物質に照射した光による電子の放出を説明する中で光が粒子のようなふるまいをすることを指摘した。一方、フランスの物理学者ルイ・ド・ブロイは、物質も波であるという、物質波の概念を導入する。この頃すでに、物質と波の境界は曖昧になっており、それらを統一する方程式が登場する土壌が十分に整っていた。そして、1925年にヴェルナー・ハイゼンベルクは、粒子の運動を拡張する行列力学を定式化した。また、ほぼ同時期の1926年にエルヴィン・シュレーディンガーは波の運動の理解を拡張する波動力学を定式化した。この二つの定式化は後にまったく等価であることがわかり、粒子と波を統一した新たな概念である「量子」の力学が確立した。つまり量子力学以前の古典力学では「量子」のもつ粒子と波の二つの性質のうち、片方の性質だけしか見えていなかったのだ。

量子の性質

この二重スリットにおける波と粒子の二重性を、量子力学ではどのように理解するのかを詳しく解説しよう。

再度図3のような実験装置を考えてみよう。電子銃から順番に発射された電子は、射線上の壁（スクリーン）に一つ一つ順に着弾していく。我々の常識から考えて、それぞれの電子は、少なくとも最初と最後の瞬間にはいかにも粒子らしくふるまっているはずだ。実際に、途中にスリットを設置しない場合、電子銃から正確にまっすぐ発射された電子は一つずつ順番に壁のある一か所に着弾する。

ところが、射線上に間隔のごく狭い二重スリットを設置するとおかしなことが起こる。壁にできる着弾点をたくさん集めると、波の干渉実験と同じようなぼんやりとした連続的な縞々が浮かび上がる。つまり、粒子が到達しやすい場所とそうではない場所が交互に現れてくる。いったい二重スリットによって何が起こっているのだろう。

電子が粒子であるなら、二重スリットのどちらか一方を通過していくはずだ。しかし二重スリットを通過する瞬間に、電子がどのようなふるまいをしているかを、我々は直接見ることができない。電子をスクリーンに当てて見てしまうと電子がそこでいなくなってしまう。つまり、一つの電子が最後までどのように進んでいるのかを追跡できないのである。これは技術的な問題ではなく、実は量子力学の根幹に関わっている。

さて、一つの電子を追跡することはできないので、そもそも電子の性質から考え直すことにしてみよう。漠然としたイメージでは、あるところにポツンと電子が存在するような気がする。しかし、量子力学では、そういった「粒子がここに必ず存在する」という考え方を諦

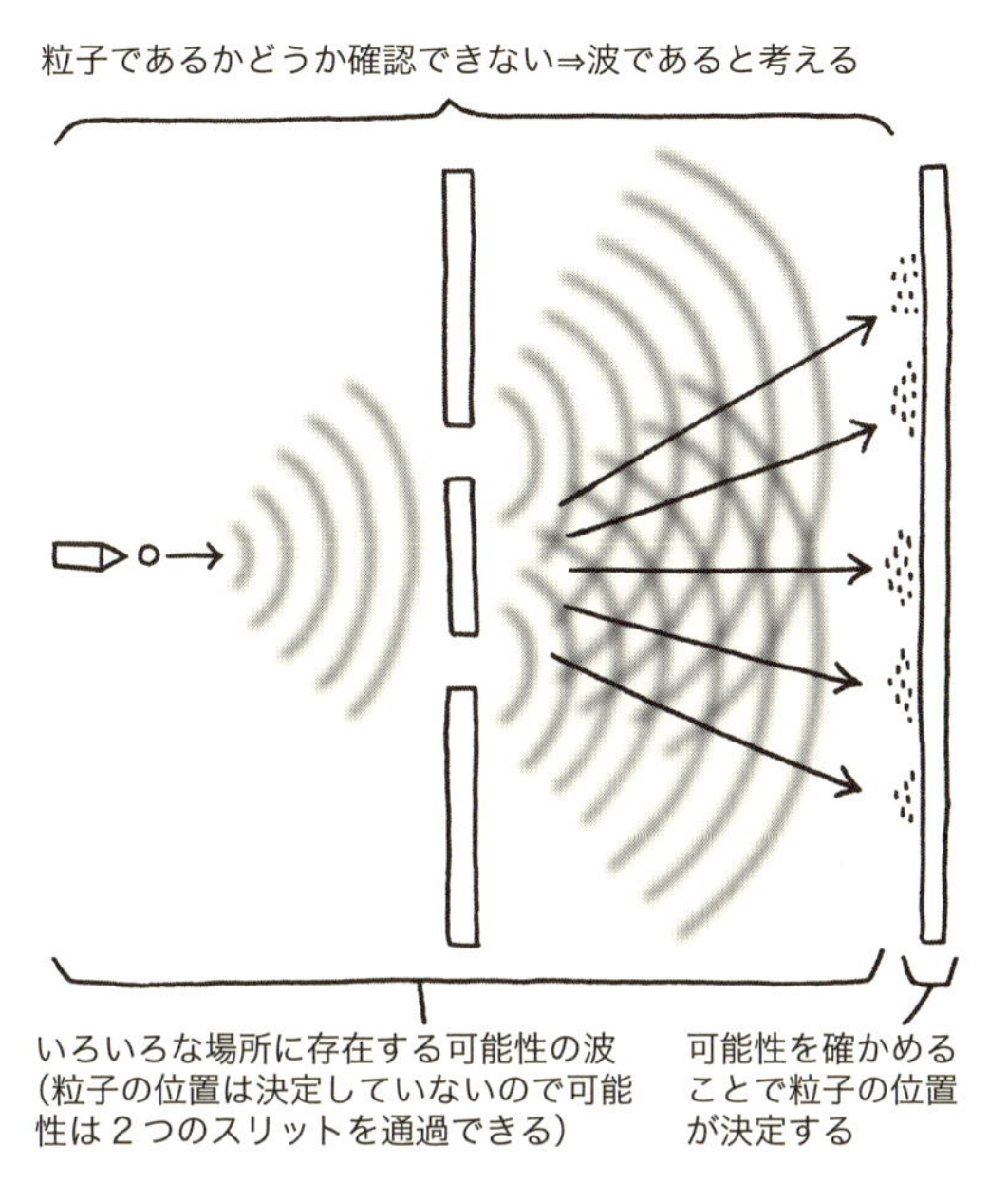

図６　二重スリット実験その２：仕組みと解説

めることからスタートする。どこに粒子がいるかを確認しない限り粒子の位置は確定せず、ぼんやり空間的に広がりをもった曖昧なものであると考えることにしたのである。そして、「粒子がどの位置にどれくらい存在しそうか」という可能性の大きさが波に対応していると当時の物理学者たちは考えた。いろいろな位置に粒子が存在する可能性が重なっているので、重ね合わせの原理と呼ばれている。そうすると発射した時には一つの電子であっても、発射後ぼんやりと広がりをもち、いろいろな場所に存在する、可能性の波として伝わっていく(図６)。可能性の波は右のスリットを通過することもできるし、左のスリットを通過することもできる。右のスリットを通過する粒子と左のスリットを通過する粒子の可能性が波として重ね合わさっているため、干渉縞ができる。

量子力学ではこのような一見奇妙な考え方を採用することにした。右と左のスリットを同時に通過することができる、と説明してもよいかもしれないがあまり正確ではない。まだ可能性の段階なので、どっちを通過したかがはっきりと決まっていない、というなんとも曖昧な説明が実は正しい。

右のスリットを通過した可能性の波と左のスリットを通過した可能性の波は、ヤングの実験のように干渉し、可能性が強まったり、弱まったりする。壁の直前ではまだ可能性のままであるが、壁のところで電子がどこにいるのかを直接見てしまうことになるので、可能性の強弱に依存して電子の位置がはじめて確定し、着弾する。つまり、どこに電子がいるのかというのを覗き見た瞬間に可能性が収縮し、一つの粒子のように検出される。このようにして、途中は波であるべし、スクリーンのところでは粒子であるべし、という二つの要請を無理やり取り込むことができた。

この解釈には、『量子』に関する重要な三つの性質が含まれている。①覗き見る（観測する）までは、電子の居場所が確定せず、曖昧にいろいろな可能性が重ね合わさっていること（重ね合わせの原理）、②その可能性は波としてふるまうため、干渉して強め合ったり弱め合ったりする(波動性)、③スクリーン上で電子の位置を観測すると可能性は収縮し一粒の粒子になる(波束の収縮)。これらの性質が、後に説明する量子コンピュータの高速性の根源にもなっている。

このように、なんとも日常の直感からはかけ離れた奇妙な量子力学は、それまで説明のつかなかったミクロな世界の物理現象を解明するうえで大成功をおさめ、現代の物理学の基礎となっている。このような量子力学は1930年頃にはほぼ現在の形で定式化されていたが、量子力学とコンピュータが出会うにはまだしばらく時間を要した。

2章 コンピュータと物理法則

コンピュータの父バベッジ

量子コンピュータのことを説明するためには、まずはコンピュータそのものについての理解が欠かせない。そもそもコンピュータ(=自動で計算するマシン)とは何だろうか? 一口に計算するマシンといっても実に様々だ。古来、計算することと物理法則との間には密接な関係があった。例えば、紀元前4000年~3000年にまで遡る古代エジプトの日時計や、古代ギリシャのプラトンら科学者が開発した水時計は、時を計算するコンピュータと言ってもいいかもしれない。人々は、天体の位置や運動、水の落下運動といった物理法則をうまく利用して、時間や暦を計算してきた。

身近な例でいうと、温度計や体温計は水銀やアルコールを封入し、その熱膨張によって温度を測定している(最近は電子的なものが主流であるが)。他にも、レーザー光などを飛ばすことによって、光の到達時間と光の速度から対象物との距離を測る距離計は今では安価に手に入る。子供の頃、稲妻と雷鳴の時間差から雷が落ちた場所までどのくらい離れているかを計算したことがある人も多いのではないだろうか。これは、空気中を伝わる音の速さが約340メートル／秒であることと、光はそれに比べて非常に速くほぼ一瞬で伝わるという、二つの物理法則を利用している。光ってから音が聞こえるまでにかかった時間に音速を掛け算することによって、雷が落ちた場所までの距離を計算することができるのだ。このように、物理法則を知っているとそれを利用して何かを測ったり、計算することができる。

一方で我々が現在日常的に使っているパソコンやスマートフォンなどのコンピュータのイメージは、上記のようなコンピュータとはかけ離れているように思える。現在のコンピュータは、何人もの人間が束になっても太刀打ちできないほどの計算能力をもつ。このような現代的なコンピュータの祖先の登場は、18〜19世紀の産業革命に遡る。17世紀の科学革命と近代的合理主義を背景に、それまでの手工業が技術革新によって機械工業へと置き換わっていった。それらを駆動する動力もまた、人力や馬力が中心だったのが1769年にジェームズ・ワットらが蒸気機関を実用化し、工業機械の自動化に向けて大きな転換点を迎えた。

一方でこの頃、人類は今まで直面したことがないほど複雑かつ膨大な計算を行う必要に迫られるようになった。すでに世界航路が開拓され、貿易のため大陸を跨いだ行き来が盛んに行われていた。長距離の航行に必要となる高度な航海術は数学によって支えられていたが、方位や位置の算出に使用する三角関数や対数の計算を高速かつ簡易に行うために、あらかじ

図7　バベッジと再現された階差機関
右画像提供：Massimo Parisi © 123RF. COM

め計算しておいた数値が表になっている、数表が使われていた。この数表は当時、大勢の計算師（コンピュータ）と呼ばれる人々が人力で計算して得られた数値を印刷しており、計算ミスが海難事故の原因にもなっていた。

イギリスの数学者チャールズ・バベッジは、このような煩雑な計算を、人間の手計算から蒸気機関で動く歯車に置き換えることで、完全に自動化できないかと考え、階差機関を発明した（図7）。複雑な計算を、単純な足し算や引き算に変換して、それを歯車の動きで計算する。2万もの部品からなる巨大な機械を動かし、歯車の動きの組合せによって計算結果の数値が自動で印刷されるという途方もないマシンだ。バベッジはその開発をイギリス政府に提案して資金援助を受け、歯車作りの職人を雇い、実現に向けて設計と改良を進めていたが、残念ながら資金調達や職人との人間関係などに問題があり実現には至らなかった。その後もバベッジは、パンチカードでプログラムを入力でき、現在のコンピュータと本質的には同じような機能をもった解析機関の設計に人生を捧げた。

ついに完成しなかった階差機関と解析機関だが、バベッジの方法が正しかったことは後に証明されている。バベッジ生誕200周年の記念事業として1991年に、実際に31桁の計算を行える階差機関が設計時の技術精度で製作され、ロンドンのサイエンス・ミュージアムに展示されている(図7)。19世紀にはすでに蒸気機関で駆動する実用的なコンピュータの完成まであと一歩まで迫っていたことになる。

アナログとデジタル

バベッジ以降も、身の回りの物理現象を用いて計算を行う初期のコンピュータが開発された。ベルトの張力を利用して連立方程式を解くマシン(連立方程式求解機)や、ローラーの回転速度を利用して微分方程式を解くマシン(微分解析機)も発明され、19世紀から20世紀にかけて、弾道の計算や爆発のシミュレーションなど軍事目的でも利用されていた。

これらのコンピュータの特徴は、ベルトの長さやローラーの回転速度といった物理量を解きたい問題の変数にみたてて、問題を実際の物理系に埋め込み解いている点にある。このようなコンピュータは、連続的な値をとる物理量を用いているのでアナログコンピュータと呼ばれる。一方、バベッジのコンピュータは、歯車の一つの歯という離散的な量に整数を対応させているのでデジタルコンピュータである。しかし、そのデジタルな数の処理はアナログのそれに比べ複雑であり実現には至らなかった。現在我々が使っているデジタルコンピュータが登場するまでの間、上記のアナログコンピュータが実用に供されてきた。現在では、アナログコンピュータは我々の日常生活ではあまり見かけない。多種多様な用途に対する精度の高い計算にはアナログコンピュータよりもデジタルコンピュータの方が圧倒的に有利なのだ。

しかし、アナログな計算機が完全に姿を消してしまったかというと、そういうわけでもない。例えば、車の模型に風をあてて空気の流れ方を理解する(計算する)風洞実験装置などは、知りたい情報を計算するために、まったく同じ物理法則で動く、ある種のアナログシミュレータとして現在でも活躍している。実際、車のような複雑な構造体をすべてモデル化し、空気の流れを数値的に計算して風洞実験と同じ情報を得ることはスーパーコンピュータが必要なほどの複雑な計算である。しかし、実際の物理法則を使えば、自然界の物理法則を使って瞬時にシミュレート=計算できてしまうのだ。

チューリングマシンの登場

以上のような初期のコンピュータに共通しているのは、太陽の動き、水の流れ、ベルトの長さ、ローラーの回転などの物理法則を、計算結果を得るためにうまく利用しているという点だ。ある特定の問題を計算するために、適切な物理現象を見つけてうまく利用した機械と言える。このような計算機では、物理法則とそれによって可能になる計算は切っても切り離せない。そのため、利用する物理現象にまつわる制約から逃れられないことにもなる。

一方で現在、我々が使っているコンピュータの仕組みやアルゴリズムを理解するためには、実際に計算を行う半導体などの素子の物理学を理解する必要は必ずしもない。凄腕のプログラマーになるためには、半導体の物理から勉強しなければならない、なんてことにはなっていない。これは、コンピュータ上で行われている計算がうまく抽象化され、計算することと計算を行う物理系とがきちんと切り離されているからだ。このような、計算する機械の抽象化が行われたのは、量子力学が定式化されたすぐ後の1930年代に遡る。

あらゆる計算を行うにはどんなコンピュータが必要なのだろう？　コンピュータと呼べるマシンに必要不可欠な要素とは何か？　コンピュータにできる計算に限界はあるのか？　そもそも、私たちが当たり前に行っている計算とは何か？

これらの根本的な疑問から出発し、現在のコンピュータの雛形を提案したのが、イギリスの数学者アラン・チューリングである。第二次世界大戦の間イギリスの暗号解読機関に勤務し、戦後は国立物理学研究所でコンピュータの開発に取り組んだチューリングは、弱冠23歳で重要な論文を発表した。

チューリングは、考えうる最も一般的な（物理的に実現可能かつ最もパワフルな）計算するマシンとして、データを記憶する無限に長いテープ、データを読み取り演算を実行するヘッド、ヘッドによる読み書きとテープの左右への移動を制御する仕組みから構成された、チューリングマシンを1936年に提唱した。現在我々が使っているコンピュータのほとんどはこのチューリングマシンと互換性がある。つまり、多少の速度の違いがあっても、両者は互いに同じような計算を実行することができる。

チューリングマシンが定義されたことによって、チューリングマシンを基準としてどれくらい時間がかかる計算か？ どれくらいのテープの長さを必要とする計算か？ といった計算の難しさに関して様々な比較ができるようになった。後に詳しく説明するが、P問題やNP問題といった問題の難しさのクラスは、チューリングマシンでどのくらいの時間をかけて解けるか、という形で定義されている。

チューリングマシンの概念で最も重要なポイントが、数値をデジタルで表現することだ。前述のアナログコンピュータは、いわば計算する対象との物理的な相似性を利用して、特定の計算を効率的に実行するマシンであった。チューリングマシンでは、問題に含まれている数値をそのまま物理的なデバイスの何かに対応させるアナログ方式は採用せず、数値を離散的な整数値で書き直すことによって表現するデジタル方式をとっていた。

例えば、0・15 34…というものは一つのある値であるが、これを一つの物理的な何かで表現してしまうのではなく、0、1、5、3、4、…というバラバラの整数と小数点の位置によって表現しようということである。張力や回転速度という物理的な量は連続的にどのような実数値もとりうるが、離散化された情報の場合、例えば19、146、10000というように、有限の精度(この場合は整数)の数字しか表現しないことになる。

このおかげで計算を実行するマシンにほんのちょっとした誤差があっても、離散化した各整数の範囲を超えなければ同じ数値を表現できるようになり、情報の正確さを確保できる。これこそ、デジタルコンピュータの恩恵と言って差し支えない。デジタル情報を表現する具体的な物理系(連続的な値をとる)と、その上で実行される計算(デジタル＝離散的な値をとる)を切り離して議論することが可能になったと言える。

情報科学の発展

チューリングがチューリングマシンを提唱したのとほぼ同時期(1937年)に、米国の電気工学者・数学者クロード・シャノンが、スイッチング回路(リレー)と呼ばれる、電流が流れているか否かによってスイッチのオン・オフが変わる回路を用いた計算を数学的に定式化した。スイッチはオン・オフの2種類の状態しかないので、0と1の二つの状態のみを用いて計算を行う。このような二つの状態をもつ変数のことは、情報の最小単位としてビット(bit：binary digit の略)と呼ばれている。我々が使っている数もいわゆる二進法と呼ばれる表現の仕方によって0と1だけで表現できるので、0と1だけの計算ができれば十分である。このような0と1だけの演算は論理演算と呼ばれる。

我々が普段使っている十進法とは異なり、二進法では2毎に桁を繰り上げる。例えば、2は$2^1\times\mathbf{1}+2^0\times\mathbf{0}$と表せるので10、4は$2^2\times\mathbf{1}+2^1\times\mathbf{0}+2^0\times\mathbf{0}$と表せるので100ということになる。1+1=2を二進法で計算すると、01+01=10という演算をすることになる。

このような計算をスイッチング回路で実行するためには、1桁目がともに1だった場合には、それを繰り上げて2桁目に1を追加せよという論理演算が必要になる。実はこのような論理演算を、基本となるスイッチング回路からどのように作るかという問題をシャノンよりも前に研究していた日本人がいる。日本電気(NEC)にいた中嶋章である。1935年頃から、スイッチング回路やそれを用いた論理演算の研究を、社報や国内学会誌で発表している。英訳が発表されるまでに1年程度かかったため、シャノンと同時期であったと誤解されることも多いが、中嶋の成果は後のシャノンの論文でも引用される先行研究であった(参考:山田昭彦「スイッチング理論の原点を尋ねて」IEICE Fundamentals Review、2010年、3巻4号、9-17頁)。

シャノンはその後、より基本的な問題へと興味を移し、情報の量をどのように測ることができるか? という問題に取り組む。シャノンエントロピーと呼ばれる情報量を測るための尺度を定義し、情報理論(シャノン理論と呼ばれる)を創設した。現在ではチューリングに始まる計算理論とシャノンに始まる情報理論が、情報科学の双璧をなす二つの大きな流れになっている。

前述のように、この時代にはすでに量子力学が世の中に出てきていたし、数学者であり、物理学者でもあったジョン・フォン・ノイマンは、量子力学の数学的な基礎づけを行ったにとどまらず、現在でも多くのコンピュータが採用する方式であるプログラム内蔵型コンピュータ、ノイマン型コンピュータを提案し、ゲーム理論や複雑性理論など新たな分野を切り開いたまさに天才的な研究者である。しかし、そのノイマンですら、量子コンピュータの発見には至らなかった。情報科学と量子力学のそれぞれの成熟が必要だったのだと考えられる。

デジタルコンピュータの発展

チューリングマシンが定義されたおかげで、それと比較することによって様々な計算するマシンの計算能力を理解することができる。チューリングマシンをシミュレーションすることができ、チューリングマシンと同等な計算能力をもったコンピュータは、チューリング完全なコンピュータと呼ばれる。バベッジの解析機関は設計どおり完成していたらチューリング完全であったことが知られている。また、戦時中の１９４０年代にドイツで開発された世界初のプログラム可能なコンピュータ、ツーゼＺ３も、チューリング完全である。Ｚ３は、スイッチング回路を用いて構成されたコンピュータである。歯車から構成される解析機関に比べると電気的に動作するコンピュータであり、高速であったが、スイッチが実際にパタパタ動くため消費電力も大きく、計算速度もスイッチの動作速度に制限されてしまう。

ツーゼ Z3

1941 年 ドイツ
2800 個のリレー
5 Hz
加算 0.8 秒

遅い

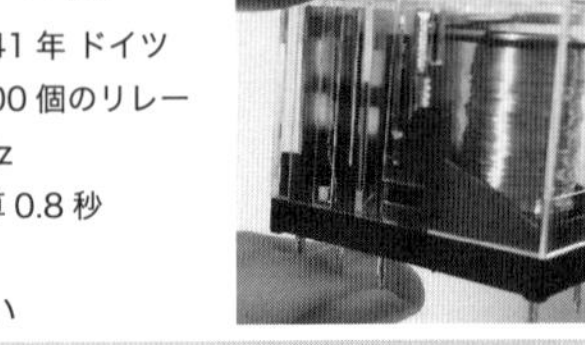

エニアック、エドバック

1940 年代〜 アメリカ
17468 本の真空管など
100 kHz
加算 0.2 ミリ秒

壊れやすい

磁気パラメトロン

1958 年 日本
4300 個の
パラメトロン
15 kHz
加算 0.4 ミリ秒

遅いが安価

トランジスタ(半導体)　　**LSI へ**

発明：1947 年 アメリカ　　集積化：1965 年 アメリカ

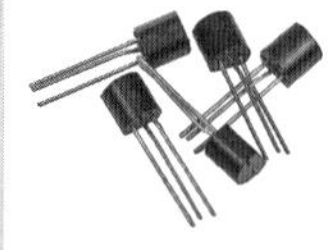

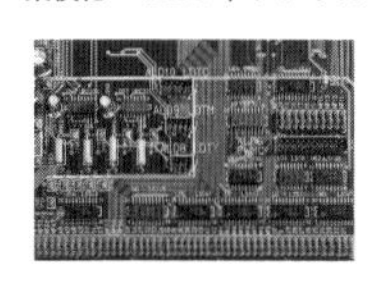

当初は壊れやすかったが、克服、微細化へ

図 8　コンピュータの変遷

左下(パラメトロン)画像提供：一般社団法人 情報処理学会 Web サイト「コンピュータ博物館」

コンピュータの動作速度を測るときには、クロック数という単位がよく使われる。1秒間に基本的な演算を何回実行できるか、という値である。Z3のクロック数は5Hz(ヘルツ)程度であり、1秒間に5回程度の計算しかできなかった。実数の足し算をするには、約1秒ほどかかる。現在我々が使っているコンピュータのクロック数は数ギガHz(1秒間に数十億回の演算をする)であることを考えると恐ろしく遅い。

計算速度の問題を解決するべく、すべて電気的な制御で演算を行える、真空管を用いたコンピュータが登場する。1946年には、1万7千本もの真空管を搭載した計算機、エニアック(ENIAC)が登場する。クロック数は約100キロ

Hz（1秒間に10万回の基本演算を行う）であり、実数の足し算に要する時間は約0・1ミリ秒程度であった。

1950年代には日本でも独自方式のコンピュータが作られている。フェライトコアと呼ばれる磁性体にコイルを巻きつけて作ったパラメトロンという素子を用いた磁気パラメトロンコンピュータであり、東京大学の高橋秀俊研究室にいた後藤英一が発明した。真空管に比べると、安価に作れることがメリットであり、当時の日本の経済的背景を反映していた。その後、コンピュータの歴史はトランジスタと呼ばれる小さな演算素子が登場することによって大きく変わる。

ムーアの法則とその限界

トランジスタは真空管に置き換わり、より高速に、そしてより小さな素子で、計算を可能にした。さらに、1960年代にはチップ上に細かく配線することによって、膨大な数のトランジスタを一つのチップ上に並べることができるようになり、集積回路（IC：integrated circuit）の時代に突入する。先述の様々な論理演算を一つの小さなチップに搭載した汎用ロジックICの登場である。大型コンピュータには一台にたくさんのICが搭載され、また大量生産される電化製品にもICは搭載されるようになり、多種多様なICチップが生産されるようになる。米国の有人宇宙飛行計画であるアポロ計画においてもICチップによるデジタルコンピュータの軽量化が大きく貢献した。

大型コンピュータは、政府機関や大企業に設置されるような規模のものであり、個人が所有するものではなかったが、1970年代に入り、データの入出力の制御やそのデータに対する演算など、コンピュータが行う処理の中心部分(CPU：central processing unit、中央処理装置)をまとめて一つのチップで行うマイクロプロセッサが登場する。世界初の商用マイクロプロセッサi4004は、現在でもコンピュータの心臓部であるCPUのシェアトップを誇るインテルが1971年に開発した。この設計には、日本の電卓のメーカーであったビジコン社の嶋正利も関わっている。マイクロプロセッサの登場によって個人でも所有できるような小型のコンピュータの製造が可能になった。現在世界的に使われているMacやiPhoneでおなじみのスティーブ・ジョブズが、スティーブ・ウォズニアックと一緒に米国カリフォルニア州ロスアルトス(現在ではシリコンバレーの中心地である)のガレージでパーソナルコンピュータ、Apple Iを作って売り出したのが1976年である。

この後、一枚のチップに微細にトランジスタを搭載する技術が急激に成長し、マイクロプロセッサの性能は指数関数的に向上する。一つのチップに搭載されるトランジスタの数が18か月ごとに倍になる、といういわゆるムーアの法則によるコンピュータの急成長である。これは、微細化するための技術に投資すればするほど一つのチップの計算性能は向上し、また同じ面積の基板から作れるチップの個数が増え大量にチップを生産することができ、その結果より一層儲かるので、投資を回収することができる、という収穫加速に基づいている。現在のCPUには1億個以上のトランジスタが搭載されており、数ギガHz(1秒間に数十億回の演算)で動作している。

しかし、このムーアの法則は限界を迎えつつある。微細化が限界まできてしまい、配線を流れる電流が量子的にふるまい、うまく演算ができなくなってきているからだ。電子が量子的にふるまう領域に突入し、配線を飛び越えてしまい発熱と電力消費の原因になり、これ以上クロック数を上げることは難しいと考えられている。

それでも、コンピュータの進化はとまらない。GPU(graphics processing unit)と呼ばれる画像処理に特化したチップは現在も着実に処理能力を向上させ、CPUをたくさん搭載した並列型コンピュータの普及などにより、コンピュータの性能の改善は現在も続いている。大型コンピュータが最初に登場した時には、コンピュータの需要は大学か研究所くらいにしかない、と言われていたが、今ではスマホやタブレットなどありとあらゆるところにコンピュータが搭載され我々の日常に溶け込んでいる。

人間の計算への貪欲さはとどまることを知らない。奇しくも、現在、量子コンピュータの需要は、大学か研究所くらいにしかないと言われているが、はたしてどうだろうか。

3章　量子コンピュータの夜明け前

情報科学と物理学の再会

それぞれが独立に発展した情報科学と物理学が再び同じ土俵で議論されるようになったのは１９８０年代になってからである。当時すでに、コンピュータの消費電力の増加とＣＰＵの発熱が研究者の間で問題となっていた。

そもそも、計算するために原理的に発熱が必要なのか？

もし、発熱しない省エネコンピュータが実現できれば、増加の一途をたどるエネルギー問題を解決することができる。このような、「計算にはエネルギーが必要であろうか？」という素朴な問いかけは情報科学の知見だけから答えることはできなかった。情報処理を行う物理系に視点を戻し、その物理系が従う物理法則にお伺いを立てる必要が再び出てくることになった。これが、１９２０年代の量子力学の確立に始まる現代物理学、そして１９３０年代に始まり、我々の日常生活のあり方を完全に変えることとなった情報科学の再会の瞬間である。

情報というと物理学の対象ではないような気がするが、実際にはノートのメモであったり、コンピュータのメモリデバイスであったり、脳の中のシナプスの状態であったり、何らかの物理装置に情報が記憶されている必要がある。計算をする場合には、その情報を何らかの物理法則に従って操作しなければならない。それゆえ、計算といっても、物理法則から逃れることはできない。

ノートに鉛筆芯の炭素粉末を擦り付けて書いたメモを消すためには、炭素の粉を巻き取るために消しゴムで擦る必要がある。紙とゴムの摩擦で熱が発生する。また、ゴムが削り取られるので、消しゴムは消費される。

コンピュータにおいても、電子や電圧といった形で情報が表現されている。それらを読み出したり、処理したりするためには、電子を貯めたり、電圧を変化させたり、様々な物理的な処理をすることになる。このような処理は、物理法則に従う必要がある。よって、計算の原理的な限界を知るためには、その計算を担っている物理系の物理法則に立ち返ることが必要であった。

計算にエネルギーは必要か？

当時、ＩＢＭのフェローであったロルフ・ランダウアは、〝information is physical（情報は物理である）〃というスローガンのもと、物理学と情報科学の融合を進めた。ランダウア自身も情報の消去には原理的にエネルギーが消費されるという、ランダウアの情報消去の原理を提案している。

計算の途中では情報の消去を意図的にはしていないと思うだろう。例えば、NOT演算と呼ばれるビットの反転

入力1　→　出力0
入力0　→　出力1

は、0と1が入れ替わっているが、入力と出力が一つずつ対応している。このため、現在の状態が与えられれば、必ず一つ前の状態がどのような状態であったかを遡って推測することができる。すなわち情報は消去されていない。このような計算は、現在の状態から過去の状態に戻すことができるという意味で、可逆計算と呼ばれている。

次に、0と1の世界での掛け算について考えてみよう。

入力0, 0　→　出力0＊0＝0
入力1, 0　→　出力1＊0＝0
入力0, 1　→　出力0＊1＝0

入力1, 1　→　出力1＊1＝1

このような0と1の世界の掛け算はＡＮＤ演算と呼ばれる重要な論理演算である。この計算は、0, 0入力、0, 1入力、1, 0入力はすべて、0を返す。このため、0が出力されたとき、もともとどのような状態が入力されたのかがまったくわからなくなってしまう。つまり、計算後の状態から一つ前の状態を推測し、計算を戻すことができない。このような計算は、不可逆計算と呼ばれる。計算後には、前のステップの状態に関する情報が失われていることになる。このような不可逆計算を用いて計算すると、ランダウアの情報消去の原理により、計算の途中でエネルギーが消費され発熱すると考えられた。

原理的に発熱しない計算をしたければ、どのように計算すればいいだろうか？　先の考察によると、出力から前のステップの状態を推測できないような、不可逆な過程において情報が消去されエネルギーを消費してしまうのであった。であれば、可逆な基本演算だけを用いてコンピュータを構成すればよいということになる。

先に出てきたビットの掛け算は、どのようにすれば可逆化することができるだろうか？　入力がわからなくなってしまうことが不可逆になる原因なので、入力もそのまま出力すればよい、というのが最も単純な考え方であろう。つまり、3ビットを入力として3ビットを出力するような演算を利用し、2ビットは入力をそのまま出力して可逆性を担保する。残りの

1ビットに計算結果を格納すればいいことになる。

0, 0, 0 → 0, 0, 0
0, 1, 0 → 0, 1, 0
1, 0, 0 → 1, 0, 0
1, 1, 0 → 1, 1, 1

計算の出力に加え、入力もそのまま残っているので、出力から前のステップの状態を必ず復元できる。このようにして、入力もそのまま出力しておくことによって、ビットの掛け算、AND演算を可逆演算にすることができた。

0と1の世界の掛け算を可逆化したので次に足し算について考えよう。0と1の世界の足し算、

0, 0 → 0
0, 1 → 1
1, 0 → 1
1, 1 → 0 （本来2であるが0と1の世界なので偶数はすべて0とする）

はXOR演算と呼ばれている。これも、同じ出力となる入力があるので、このままでは可逆

ではない。ただし、XOR演算の場合は、入力を二つとも残しておく必要はない。一つだけ残しておき、XOR演算を再び計算すると、前のステップの状態が復元できる。このため、2ビットの演算として、

0, 0 → 0, 0
0, 1 → 0, 1
1, 0 → 1, 1
1, 1 → 1, 0

のように可逆化することができる。

古典万能計算

NOT演算とAND演算を組み合わせれば、ビット列を入力とするありとあらゆる計算ができる、すなわち古典万能計算を実行できることが知られている。NOT演算はそもそも可逆であったし、AND演算も入力をそのまま出力することで可逆にすることができた。このため、任意の計算を可逆演算だけを用いてできることになる。

しかし、一つ注意しなければならない点がある。AND演算を可逆にしたときに、入力をそのまま書き出していた点だ。この結果、計算の途中のプロセスをすべて出力として書き出

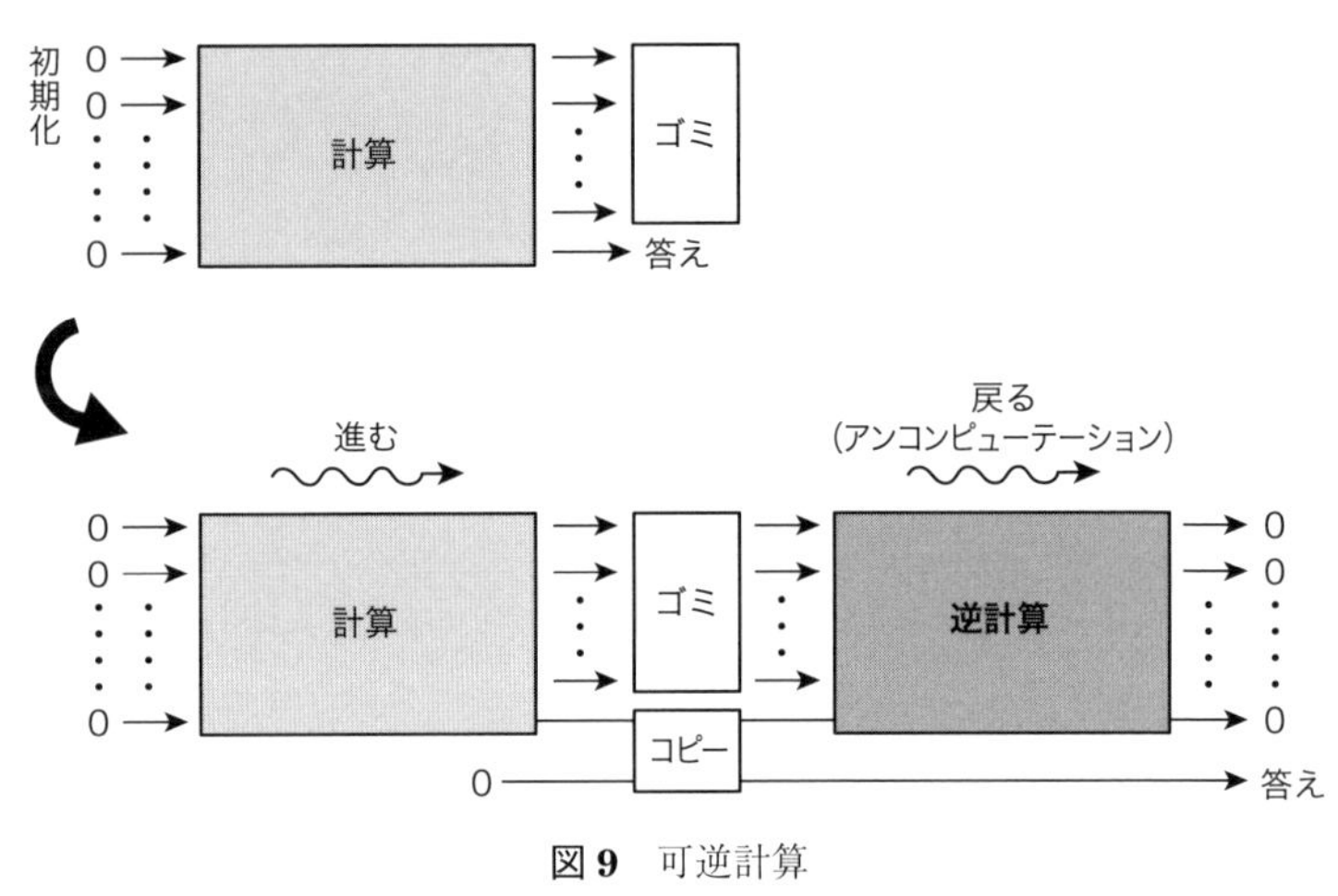

図9　可逆計算

してしまうことになってしまう。このため、計算終了後に本当に欲しい結果以外にも計算の履歴が残ってしまう。この履歴を消去するためにエネルギーを消費してしまっては計算のサイズに依存したエネルギーを消費してしまうので元も子もない。

この問題をエレガントに解決したのが、当時MITのコンピュータ科学研究室にいたエドワード・フレドキンとトマッソ・トフォリである。彼らが用いたトリックは単純明快で、本当に欲しい結果だけを、結果を書き出すビットに書き出し、それ以外の履歴を消すために、可逆性を利用して逆向きにまったく同じ計算をする、アンコンピューテーションを行うのだ(図9)。まさに、間違った文章を書いてしまったときにundoをするような感じである。この結果、計算の履歴は見事に初期状態に戻り、欲しかった結果だけが可逆演算のみで手に入る。つまり、原理的に発熱しない可逆な操作のみから計算結果だけを取り出すことができるコンピュータを構成できるのだ。

量子力学の可逆性に着目

このような経緯で、計算を進めたり戻したり自由にできる可逆な計算がエネルギーを消費しない計算として研究されていた。しかし、我々の身の回りで起こる現象は不可逆であることがほとんどである。例えば、温かいコーヒーはほうっておけば空気中に熱を放出し冷めてしまう。再びエネルギーを費やして温める以外に、もとの温かいコーヒーへと熱を戻す方法はないであろう。これが、熱力学第二法則の教える、不可逆な現象である。我々が利用できる多くの物理操作はこのような不可逆な現象である。可逆な演算だけからコンピュータを構成するためには、可逆な物理プロセスを自然界からうまく見つける必要があった。

１９８０年にポール・ベニオフは可逆に計算をする物理系として、可逆性を潜在的にもっている量子力学を利用することを提案した。量子力学の方程式は時間の向きを入れ替えても同じ形になっていることが知られており、量子力学に従う系は必ずある時刻の状態から昔の状態へと戻すことが原理的に可能であるからだ。

このような経緯で、計算と量子力学との距離が急速に縮まった。しかし、この段階では、あくまで0と1で表現される古典コンピュータを可逆にするために、可逆性をもつ量子力学を利用するといったものであり、古典コンピュータを超えるコンピュータを作るというモチベーションには至らなかった。

量子コンピュータの登場

このような古典コンピュータを目標とする研究から一歩足を踏み出すきっかけを作ったのは、素粒子物理学における重要な貢献である、量子電磁力学を構築しノーベル物理学賞を受賞したリチャード・ファインマンである。ファインマンは、量子力学に基づいた理論計算と格闘し、その複雑さを体感し、計算を効率的に行う経路積分法やファインマンダイアグラムを自ら作り出した。

理論物理学の王道的な手法は、興味のある対象について、できるだけその面白さを失わないように、かつ簡単に解けるようにモデルを作ることである。しかし、時に、本当に知りたい現象がそもそも簡単には手で計算できないような複雑さをもっていることがある。このようなときに、威力を発揮するのがコンピュータによる数値シミュレーションである。

興味のある対象の時間発展を決める方程式を知っていれば、それを厳密に解くことはできないとしても、その方程式をコンピュータ上で数値的に解くことによってその物理系をシミュレーションすることができる。実際の実験ではなかなかできないような膨大なパラメータについて調べることもできる。様々な物理現象をシミュレーションすることによって新しい理論やモデルを検証し、現象を理解することが可能なのだ。

実際、１９４０年代に登場して以来、コンピュータは物理学の研究のツールとして急速に利用されるようになり、現在ではスーパーコンピュータが素粒子物理学や物性物理学において新たな知見を得るために利用されている。広い分野に興味をもっていたファインマンは、当時すでに華々しい発展を見せていたコンピュータ科学にも精通していた。

ある時ファインマンは、先述のランダウアが主催した情報と物理の研究会に招待されて以下のようなことを述べた。

「自然法則は古典力学では動いていない。もし自然をコンピュータでシミュレーションしたければ、量子力学で動くコンピュータを作るべきだ。」

１９８０年代当時、量子力学はすでによく理解されていた。しかし、コンピュータでシミュレーションをすることによって物理を理解するというアプローチが発展する中、量子力学に従って運動する物理系を古典コンピュータでシミュレーションすると、必要なメモリや計算時間が物理系のサイズに対して指数関数的に大きくなってしまうことが浮き彫りとなっていた。物理系をそっくりそのままシミュレーションするためには、従来のコンピュータのような計算原理ではなく量子力学の原理を取り込んだコンピュータを構築する必要があると唱えたのである。

また、同時期にデイビッド・ドイッチュは、別の計算と物理の研究会において「君たちは間違った物理を使っている(自然は量子力学で動いているのに)」という指摘をしている。計算と物理の融合的研究といいつつ、ＮＯＴ演算やＡＮＤ演算などの従来の論理演算に基づいた計算のみが検討されていることに不満をもっていたのだ。その後、ドイッチュは計算の原理は従来の〝古典的な〟論理演算に限定される必要はないと気づき、量子力学で動くコンピュータの原型、量子版のチューリングマシンを定式化した。これが、現在につながる量子コンピュータの幕開けである（参考：古田彩「二人の悪魔と多数の宇宙――量子コンピュータの起源」日本物理学会誌、２００４年、59巻8号、５１２-５１９頁）。

第II部

量子コンピュータの仕組み

4章　量子情報と量子ビット

量子の重ね合わせ

1章の「量子力学の誕生」で説明したように、量子力学の世界では、状態は必ずしも一つに確定する必要はなく、異なる状態のどちらとも確定していない曖昧な状態、すなわち重ね合わせ状態が許されていた。重ね合わせ状態というのは日常的に現れるものではないし、もし現れたとしても覗き見た瞬間に壊れてしまうので、なかなか直感的に理解することは難しい。状態が0かもしれない、もしくは1かもしれない、という二つの可能性がいまだ残された状態が重ね合わせ状態である。

ある人が、状態を0もしくは1のうちのどちらかに秘密裏に準備したとする。コインをフリップして手で隠し、裏もしくは表のどちらかの状態になっているような場合である。我々にはその状態が0なのか1なのかは、まったくわからないので0である状態と1である状態の二つの可能性が重ね合わさって残されているような気もする。しかしこのような例は重ね合わせではない。なぜなら、原理的に宇宙の誰かは0なのか1なのかを必ず知っているからだ。

もしかしたらコインフリップした本人には、最後に表を向いたか、裏を向いたか見えていたかもしれない。もしくは、手のひらが敏感で裏表に気づくかもしれない。いずれにせよ、必ず裏か表のどちらかに決定しており、もし神様がいたのであればそのどちらかを知っているだろう。このような確実にどちらかに決まっているが、そのどちらであるかは知らないというような状態は重ね合わせとは呼ばない。

重ね合わせ状態とは、原理的に宇宙の誰にも(たとえ神であっても)0なのか1なのかまったくわからない、という本質的に二つの状態が不確定になっている状況である。

粒子を例に具体的に考えてみよう。今、粒子が一つ箱の中に入っていたとする。この粒子が古典的な粒子であれば、必ず箱の中の一点に存在する。なので、この箱の真ん中に仕切り壁を入れれば、その右側もしくは左側のどちらかに必ず粒子が存在することになる。箱に仕切り壁を作って、左側は0、右側は1、という約束にすれば、これは情報の最小単位のビットを表現していることになる(図10)。

この粒子が量子力学的にふるまうような場合はどうだろうか。量子力学の世界では、粒子を覗き見るまではどこか一点に確実に存在するわけではなく、粒子の位置は不確定であり、箱の中の様々な場所に存在する可能性の波の重なりとして広がりをもっている。先ほどと同

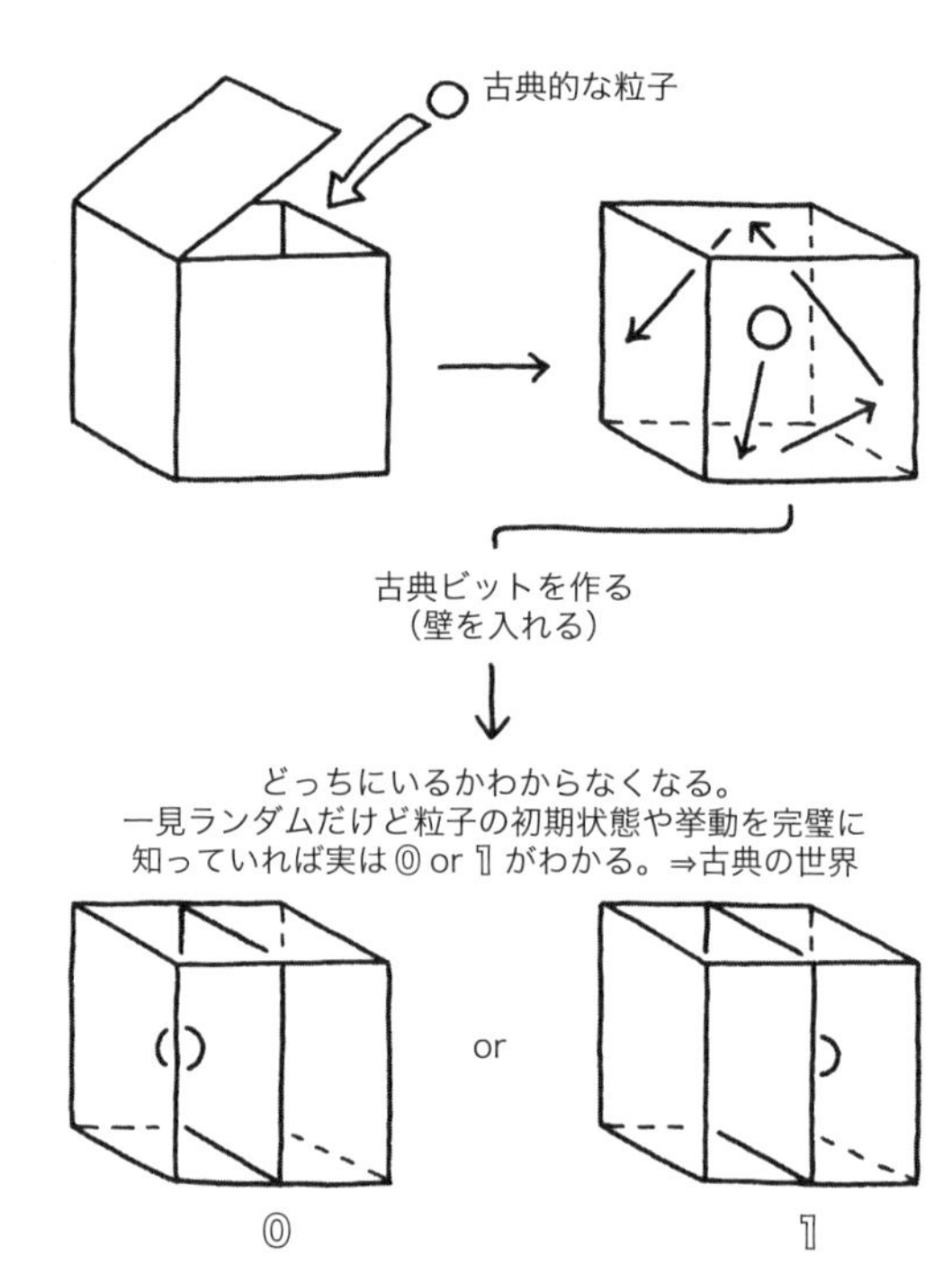

図 10　箱の中の古典的な粒子

じように、この箱の真ん中に仕切り壁を作って箱を右側と左側に分けてみることを考える。古典的な粒子のふるまいであれば、仕切り壁を作る直前に右にいたか、左にいたかによって最終的に右と左のどちらにいるかが完全に決まってしまう。しかし、量子の世界では、どちらにいるかは確定せず、いろいろな位置にいる可能性が重ね合わされていた。このため、仕切り壁を作った後にも、右側の箱に粒子がいる可能性と左側の箱に粒子がいる可能性が残され重ね合わさった状態になっている。左側に粒子がいる状態を0、右側に粒子がいる状態を1とすると、0と1の重ね合わさった状態が実現される（図11）。

このような現象が現実世界で起こるとは想像しにくいかもしれないが、まさにここで挙げた箱の中の粒子の例のような状況を、一つの電子を用いて実現することすらできるようになっている。

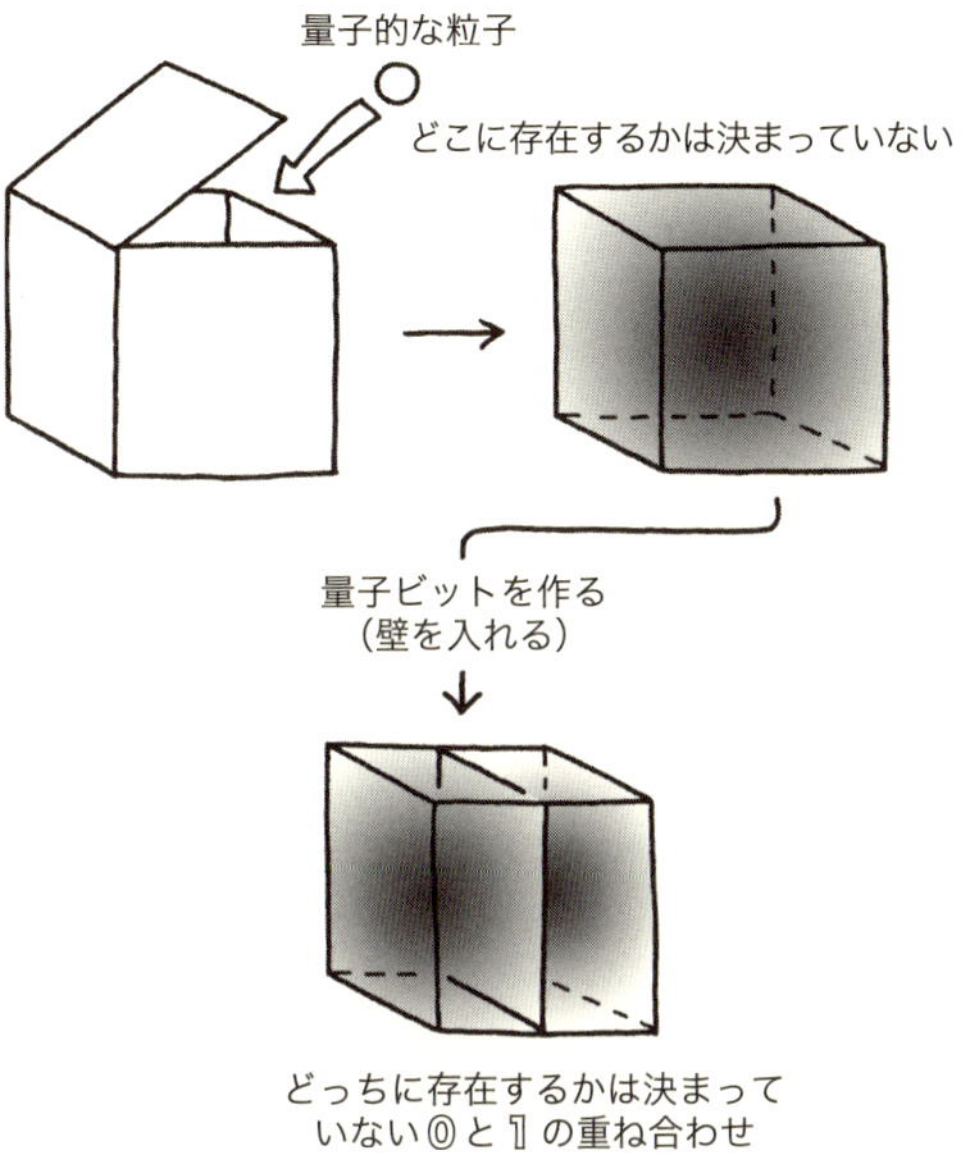

図 11　箱の中の量子的な粒子

量子の情報を数値化する

古典的なビットの場合は、0や1という二つの数値を用いて具体的に書き出すことができた。量子の世界におけるこのような曖昧な重ね合わせ状態をどのような数値を用いて書くことができるだろうか。

我々が日常的に曖昧な現象の可能性の大きさを表現するときには、確率という道具を用いることが多い。降水確率が30%とは、もしまったく同じような状況が100日あったなら、およそ30日は雨が降るであろう、という程度の可能性である。

量子力学においても、重ね合わせ状態における0と1の状態の可能性をそれぞれ、０・６と０・８のように数値を用いて記述する。０よりも１の可能性が少し高いといった感じである。

ただし注目してほしいのは、この数値は確率ではないということだ。約60％と約80％を合計しても１００％にまったくならない。これは計算ミスではなく、重ね合わせが本質的に誰にも区別できない状態である、ということと密接に関係している。

この重ね合わせの度合いを表す数値は、確率よりもっと根本的な可能性を表す量として、確率振幅と呼ばれる量である。確率振幅が二つ並んで一つの状態を表しているので状態ベクトルと呼ばれている。根本的というのは、確率振幅そのものは確率には対応せず、次で説明をする「測定」という操作をした時にはじめて確率としての意味をもつようになるからだ。つまり、確率振幅は確率になる前の、確率の卵のような量であり、量子力学はこのような摩訶不思議な確率振幅というものに従って動いているというのである。

先ほどの例の仕切り壁を作った箱の中の粒子について、本当はどちらの状態になっているか覗き見ることを考える。これは二重スリットの実験では、スクリーンのどこに電子が着弾したかを見ることに対応する。

粒子は今、右にいる状態と左にいる状態の重ね合わせになっていて、量子力学によると、誰にもどちらにいるかはわからない。この状況で箱を開けて、どちらにいるか？ということを覗いて見る。もちろん粒子は一つしかないので、箱を開けると右側と左側のどちらかに粒子を見つけることになる。つまり、覗き見ることによって、右側と左側にいる可能性のどちらかに収縮し、一方に粒子が存在するという現実に行き着くのだ。なんとも摩訶不思議な解釈であり、誰も可能性が収縮される様を直接見ることはできないので、なかなか受け入れがたいかもしれない。

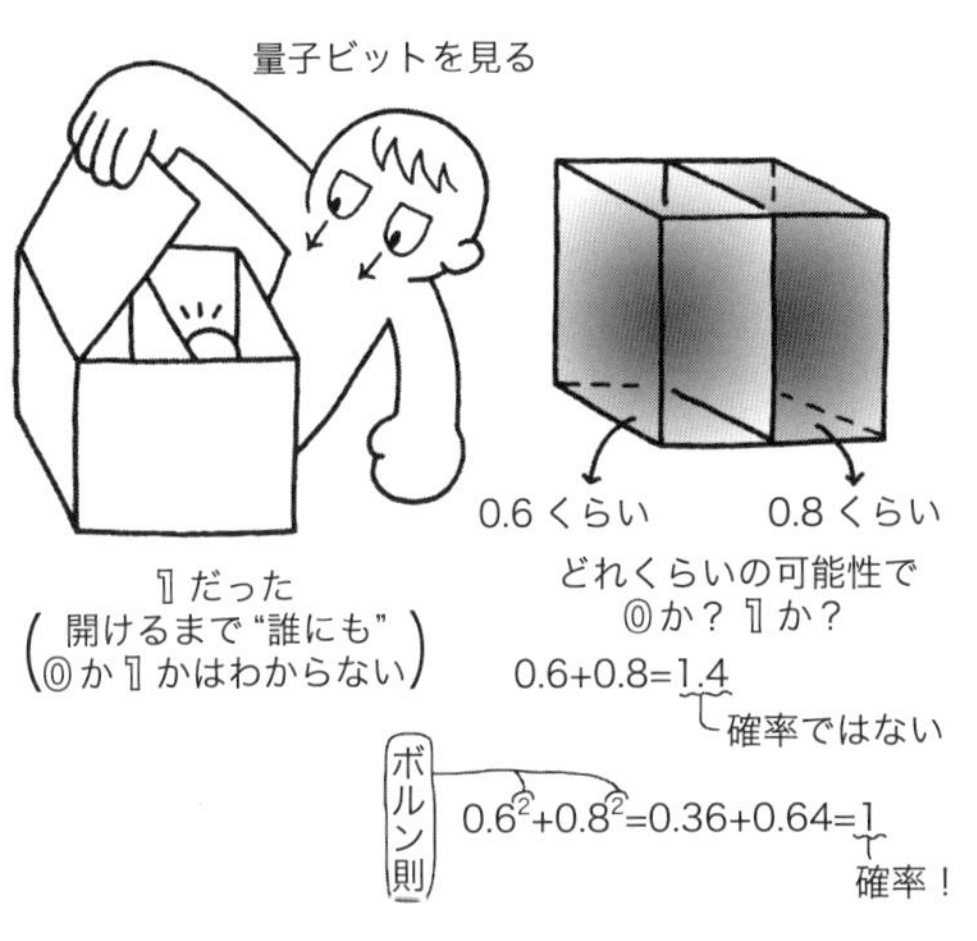

図 12　測定とボルン則

この測定を1回やったときには、どちらか一方にランダムに粒子を見出すことになるが、まったく同じ方法で準備した同じ確率振幅をもつ重ね合わせ状態に対して箱を覗くことを繰り返すと、右と左に粒子を見つける回数と確率振幅にある規則性を見出すことができる。その規則性は、右側、左側に粒子を見つける確率は、それぞれの確率振幅の絶対値の2乗に対応するというものであり、ボルン則と呼ばれている（図12）。

誰にも知りえない0と1の曖昧な重ね合わせ

状態に対して、0だったのか1だったのかを覗く（＝測定する）と、0や1の結果が確率的に得られる。そしてその確率は、$0.6^2=0.36$、$0.8^2=0.64$というように、確率振幅の2乗をとった値になっている。つまり、0と1の重ね合わせ状態は、それを測定した時に0や1が得られる確率の平方根をとったような数字、すなわち確率振幅で記述されていることになる。今ではボルン則に従えば実験結果を精密に再現できるので、正しいと思われているが、量子力学の黎明期に、このような理解にたどり着くまでには紆余曲折があった。

量子ビット

古典コンピュータでは0もしくは1が必ず確定しているので、確率振幅を用いた状態ベクトルとして書くと、

(1.0, 0)：確実に0の場合に対応
(0, 1.0)：確実に1の場合に対応

となる。つまり古典ビットは量子力学における特殊な状態（どちらの状態かがきっちり定まっている）ということになる。量子力学ではもっと一般的な状態が許されており、確率振幅aとbを用いて状態ベクトルを

量子ビットを球で表す

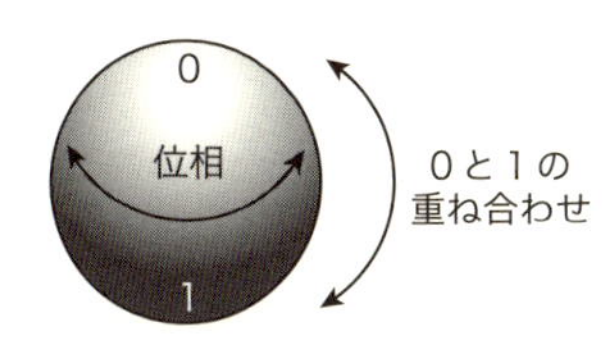

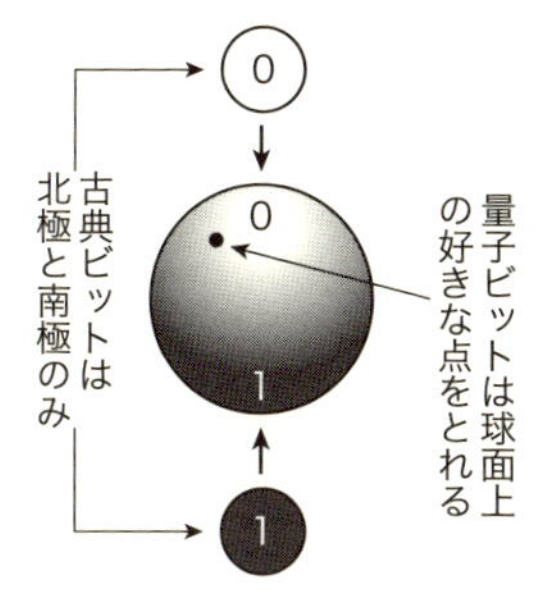

より詳しくは…

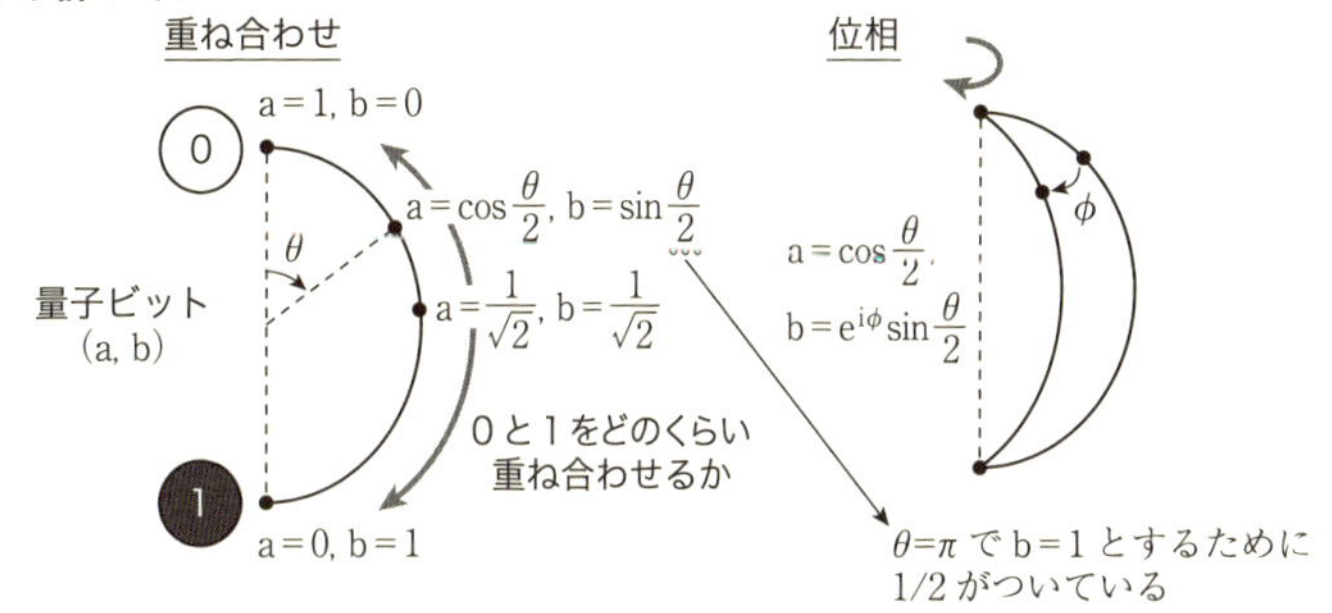

図 13　古典ビットと量子ビット

$$(a,\ b)$$

と書くことができる。その2乗の和は、0もしくは1を測定した時の確率に対応していたので、

$$a^2 + b^2 = 1$$

のように合計1になる。このような二つの異なる状態0と1の重ね合わせ状態は、古典コンピュータで使われている0と1のビットに倣って、量子の世界の情報の最小単位として、量子ビットと呼ばれている。

aやbは2乗をとったものが確率なので、aやbは負の値をとったり複素数であってもよい。

例えば、

(0.6, −0.8)

や

(0.6, −0.8i)

も、量子ビットの状態として許されている。複素数の場合は、確率振幅の絶対値の2乗が、量子ビットが0であるか1であるかを測定した場合の確率に対応する。$a^2+b^2=1$からも類推されるように量子ビットは円周上の点として表示することができる。正確には、複素数の位相もあるため図13のように球面上の点として表示される。古典ビットは北極と南極しかとれず、量子情報と古典情報の違いがわかる。

エンタングルメント

量子ビットが複数あると、エンタングルメントという、本質的に量子特有の不思議な現象が現れてくる。

二つの量子ビットがある場合を考えよう。例によって、二つの箱を考えてそれぞれ一つずつ粒子を入れておき、それぞれの箱の真ん中に仕切り壁を作ることを考える。二つの粒子を別々に準備したときには、一つ目と二つ目の箱の量子ビットがそれぞれ別々に重ね合わせ状態となっているだけである。箱のふたを開けてどちら側に粒子がいるかを覗いてもそれぞれ独立に、右側もしくは左側にいる粒子をランダムに見つけることになる。つまり、二つの量子ビットにはまったく相関がない。

今度は、この二つの箱に量子的な相関をもった粒子を入れて二つの量子ビットを作る場合を考える。量子的な相関とは、二つの粒子がまったく同じようにふるまう、というものである。もし一方の箱で粒子が右側にいるならもう一方の箱でも右側にいる、といった具合である。つまり、右にいるか、左にいるかはまったくわからないけれど、両方の箱を開けた時には必ず二つの箱の粒子が左右どちら側にいるかは一致しているのである。このような双子の粒子は本来一つの粒子であったものを分裂させるようなことで作り出すことができる。

二つの箱の左右の一致だけなら、量子の世界の双子の粒子でなくても似たような状況を作ることができる。あらかじめ粒子を二つの箱の右だけ、もしくは左だけに入れておくのだ。これは重ね合わせ状態ではなく、古典の世界でも起こりうる相関である。どちらに入れたかをふたを開ける人が知らなければ、ふたを開けた時、両方の箱とも右、もしくは両方の箱とも左に粒子があることを見つけるだろう。一見、量子的な相関と古典的な相関に違いは生まれない。

しかし、量子的な相関であるエンタングルメントの不思議なところはこれだけでは終わら

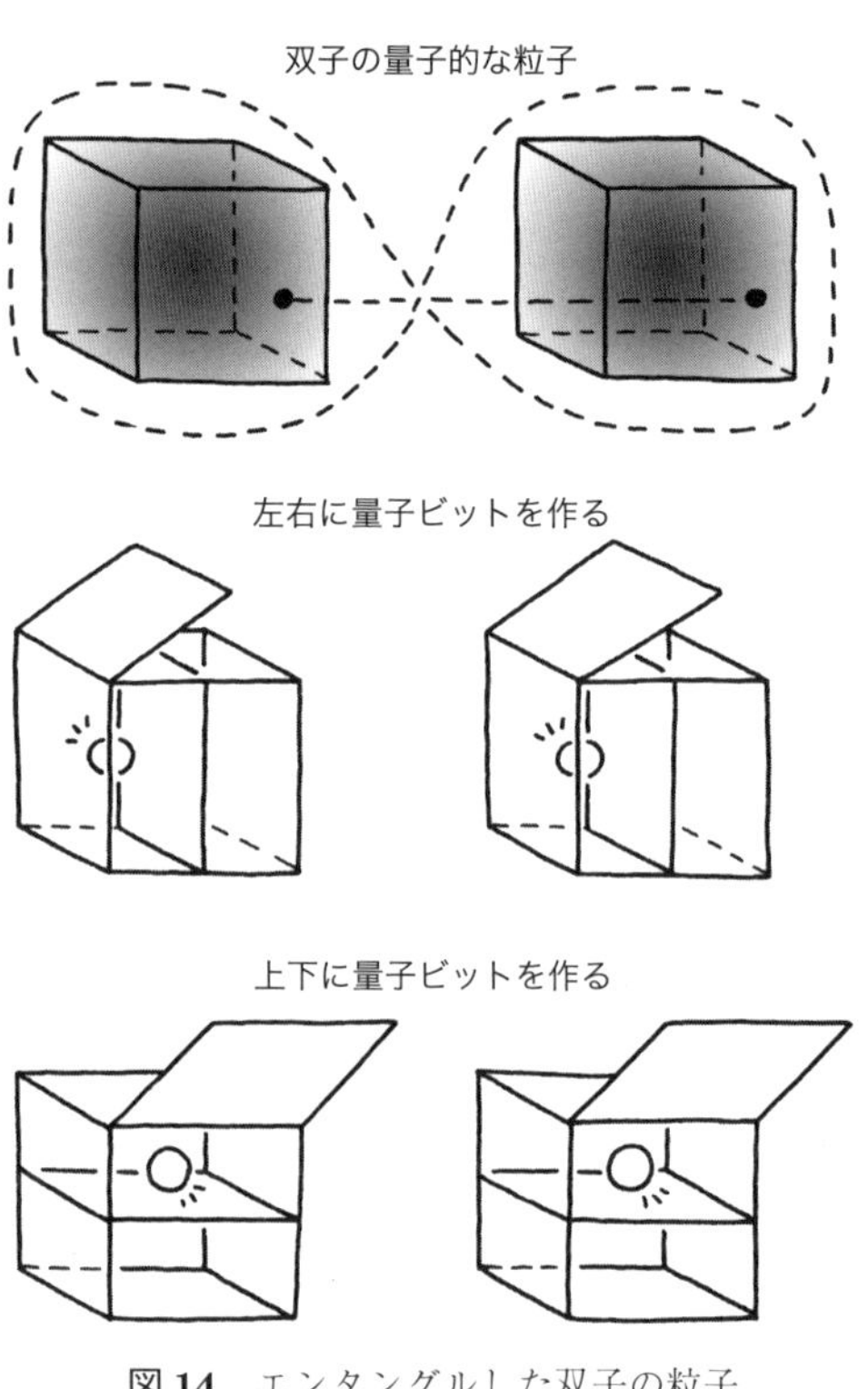

図 14　エンタングルした双子の粒子

ない。箱に仕切り壁を入れる向きは必ずしも縦方向だけではない。水平方向に仕切り壁を入れて量子ビットを作ってみよう。これは量子ビットに対する測定の方法を変えたことになる。

さて、二つの箱に入れた双子の粒子に対して、水平に仕切り壁を入れて別の向きで作られた量子ビットにして、箱を覗くことにしよう。双子の粒子はまったく同じようにふるまっているので、仕切り壁を水平に設けてもやはり一方が上なら他方も上、一方が下なら他方も下に粒子を見出すことになる(図14)。これは、手前・奥に仕切られるように壁を作って覗いても同じである。

つまり、量子の世界における双子の粒子は、どのような方向から仕切りを入れ、覗いたとしても、どちら側に粒子がいるかが二つの箱でまったく一致するという性質をもっている。どのような向きで量子ビットを測定してもまったく同じ結果が得られるのだ。

一方で、事前に左だけ、もしくは右だけに普通の(双子ではない)粒子を入れて量子相関のまねをしてみよう。このとき、左右を分ける仕切りを入れた状態でふたを開けて覗くともちろん粒子の位置は一致しているので、まねは成功する。しかし、仕切り壁を水平に変えて二つの箱を覗いた場合には、必ずしも一致しない。仕切りは一つしか入れないというルールがあるため異なる2パターンの仕切りの入れ方に対して結果が一致するように仕込むことはできないのだ。

つまり、双子の粒子による量子的な相関であるかどうかをチェックしたければ、どのような方向から二つの箱を覗いても、量子ビットがどちらの状態をとっているかというのが完全に一致する、ということを確かめればよいのである(図15)。当然、このような双子の粒子による相関は、我々の日常世界にある粒子ではなかなか見られない量子の世界に特有の不思議な相関である。このような相関は、「もつれる」という意味の英語であるentangleという言葉から、エンタングルメント(量子もつれ)と呼ばれている。二つの量子ビットが切っても切

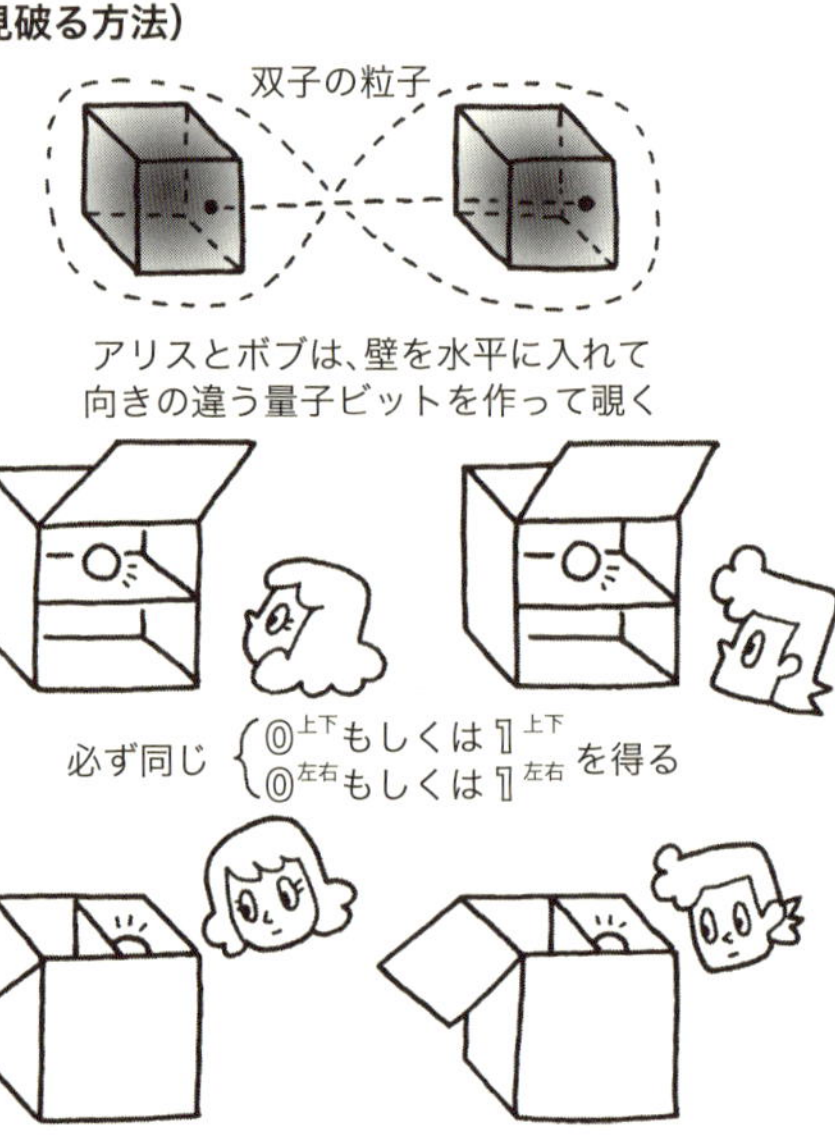

図 15　古典相関と量子相関の違い

れないもつれ合ったエンタングルメント状態になっているのだ。

　双子の粒子を入れた箱のペアをたくさん用意し、ペアの一方をアリスに、他方をボブに渡したとしよう（アリスとボブは暗号理論などの話で必ずと言っていいほど好んで使われる人名だ）。アリスとボブはこのたくさんの箱をそれぞれ大阪と東京に持って帰る。その後、アリスとボブは、縦、水平のどちらか一方の向きに仕切り壁を作ってふたを開け、どちらに粒子がいるかを記録することにしよう。当然、アリスとボブは遠く離れているので、瞬時にどちらの方向にふたを開けるかを示し合わすことはできない。しかし、覗き方は2種類しかないので、ランダムにやれば偶然アリスとボブが同じ方向にふたを開ける場合があるだろう。このような実験をした後、アリスとボブが電話をし、どちら側に粒子が見つかったかをお互い確認しあう。このとき、アリスとボブが同じ方向で測定した場合には、右・左、もしくは上・下がまったく一致しているはずである（図16）。

　アリスとボブは遠くに離れているので、アリスの方で右だった、もしくは左だったという結果を何らかの方法でこっそりボブに教えることはできない。もしそんなことができると、光速を超えて情報伝達ができてしまうことになる。これはアインシュタインの特殊相対性理論と矛盾する。また、あらかじめ、左右が決まっていたとすると、先ほど説明したように、仕切り壁を作る方向を変えてふたを開けたときに同じ結果が得られない。

　このように、エンタングルメントはどんなに遠く離れていたとしても、そして、測定をす

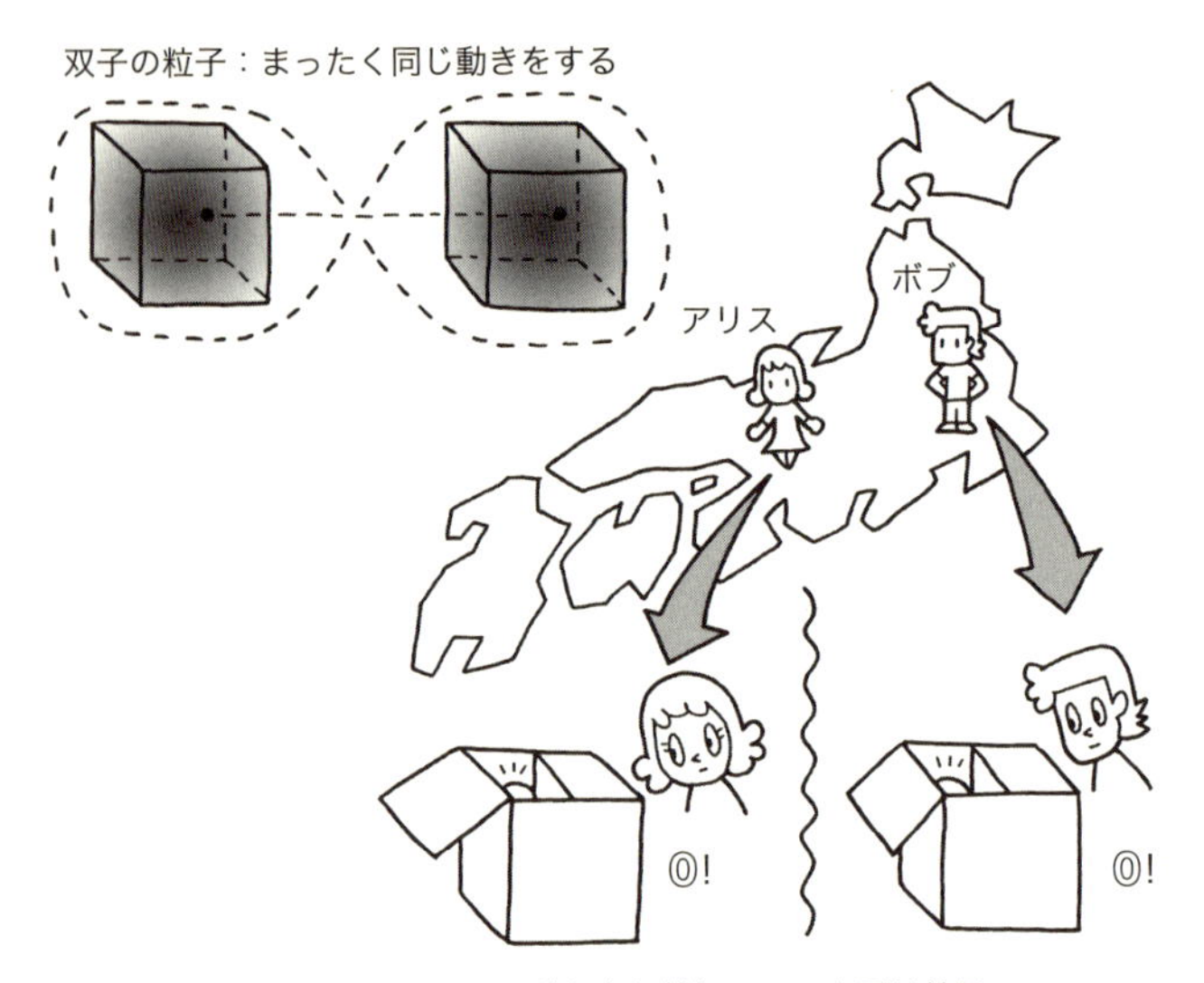

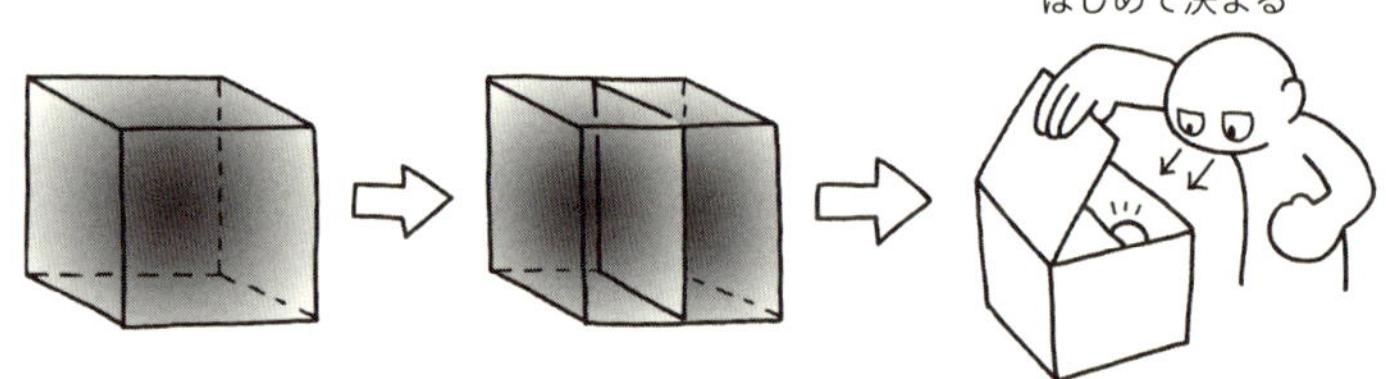

図 16　EPR のパラドックス

る方向や測定結果を相手に伝えることができないタイミングで箱を開けたとしても、まったく同じ側に粒子を見つけることになるのだ。

神はサイコロを振る

一つの量子ビットがあった場合ですら、状態を覗いた時にどちらに粒子がいるかが完全にランダムに決まる。これは、すべての物事は確実に決まっていてそれを予測できるような理論を与えるものが物理学であるという、古典物理学の考え方と矛盾していた。アインシュタインは、当時、量子力学のこのような曖昧な性質を批判して、「神はサイコロを振らない」と言った。我々の量子力学への理解が不十分であり、ランダムに結果が得られているように見えるが、物理学が進歩することによって、一見ランダムに見えるような測定結果も予測できるようになるだろう、と期待することもできる。しかし、遠く離れた二つの地点の測定で、測定結果はランダムに得られるが、完全に一致する、というエンタングルメントはこの期待をも打ち砕く。

アインシュタインが構築した特殊相対性理論では光速を超えるものは存在しない。つまり、瞬時に何か変化が遠くまで伝わるということはありえないとされている。しかし、エンタングルした双子の粒子に対する東京と大阪の実験では、遠く離れたアリスとボブが得る測定結果はランダムであるが、同じ方向で測定したときには二人はまったく同じ結果を得ることになる。もし、あらかじめ測定結果が決まっていたとすると、アリスとボブが自由に選べる測定の向きの情報を、光速を超えて伝えないとつじつまの合う測定結果を選べない。一方、それが許されていないとするとそもそも予測することが不可能な、神ですらわからないランダム性が存在することになる。

このような現象が起こるということは、「局所性」(=ある地点の現象が瞬時に遠く離れた地点に影響を及ぼすことはない)と「実在性」(=あらかじめどのような測定結果が得られるかが確実に決定されている)の両方の性質をもつ局所実在論が破れていることを意味する。アインシュタインは、物理学たるもの局所性と実在性を満たすべきであると考え、量子力学は何か間違っているということを共同研究者と指摘し、アインシュタイン・ポドルスキ・ローゼン(EPR)のパラドックスと呼ばれるようになった(図16)。アインシュタインは局所実在論を信じていたので、今の量子力学が不完全で、より正しい完全な物理学が理解された暁には、きちんと測定結果を予測できるような局所実在論が構築できるであろうと考えたのだ。

この問題をさらに詳細に調べたのはジョン・S・ベルである。ベルは、アインシュタインの指摘した実在性を具体化し、測定結果があらかじめ何らかの隠れた変数によって与えられていると仮定した。つまり、精密に測定する術はまだ知らないが、いまだ我々の知らない隠れた変数というものがあり、それが一見ランダムに見える量子力学の測定結果を決めているという立場に立ったのだ。もし、隠れた変数を知ることができれば、測定結果は完全に予言できるという実在論の立場である。

この前提に立ってアリスとボブの実験を分析すると、一つの不等式を導くことができる。アリスとボブが実験結果を持ち寄ってある平均値を計算すると、ある値よりも必ず小さくなるというものである。一方で、同じ量を量子力学に基づいて計算するとその値よりも大きくなる、という逆の結果になる。つまり、隠れた変数理論に基づくと、どのような理論であれ必ずベルの不等式を満たすが、量子力学はその不等式を満たさないことをよしとする。したがって隠れた変数理論と、量子力学が両立することはありえないという結論に至った。

こうなると、実験をしてみて決着をつければよい。そして、1982年、ベルの不等式から派生したCHSH不等式という不等式について、フランスの実験家アラン・アスペらが光を用いた実験を行い、不等式の破れを実験的に検証した。つまり量子力学に軍配が上がったのだ。ただし、アスペらの実験では、アリスとボブの距離が離れていたり、測定器の検出効率が低いなどで、隠れた変数理論を完全に締め出すことは厳密にはできていなかった（ループホール＝抜け穴と呼ばれている）が、それらについても、最近になってより精密な測定においてベルの不等式（CHSH不等式）の破れが確認されている。

これらの実験の意味するところは大きい。超量子力学であろうが、スーパー古典力学であろうが、今後新たな理論を作ったとしても、いかなる局所的な（瞬時に情報が伝わらない）隠れた変数理論も実験結果と矛盾し否定される。つまり、量子力学における測定結果のランダムさは我々の物理への理解が不足しているわけではなく、自然がそもそものように作られているということを反映しているにすぎない。神はサイコロを振る、ということを明確に示した結果なのだ。

パラドックスから応用へ

ＥＰＲのパラドックスは、現在では量子力学特有の現象として受け入れられ、その必須要素であるエンタングルした状態はＥＰＲ状態とも呼ばれている。そして、アインシュタインが受け入れ難かったほど古典的な直感に反する現象は、従来のパラダイムでは実現できないような情報処理を可能とするリソースにすらなっている。

遠く離れてもまったく同じようなふるまいをするエンタングルした状態は、量子状態を遠く離れた場所に転送する、量子テレポーテーションを可能とする。アリスとボブが離れた場所にいるとしよう。アリスはボブにある量子状態を送りたい。このとき、二人がエンタングルした双子の粒子の片方を持っていれば、直接送りたい量子状態を運ぶ必要はない。アリスは、双子の粒子の片一方と、転送したい粒子をグチャっとくっつけて測定する。すると押し付けられた転送したい粒子の状態が、双子のもう片一方の粒子としてボブのもとに出現する。ただし、アリスの測定結果はランダムに出るので、そのままではボブには何が送られてきたのかはわからない。そこでアリスはどのような測定結果を得たか、という情報（古典情報のメッセージ）をボブに知らせる。これをもとに、正しい向きに粒子を向けると、送りたかった状態がボブのもとに復元される。これが量子テレポーテーションである（図17）。このようにして実際に量子的な粒子を持ち運ぶことなく、事前に共有しておいたエンタングルメントと古典通信を使って量子状態を遠くに転送することができるのだ。

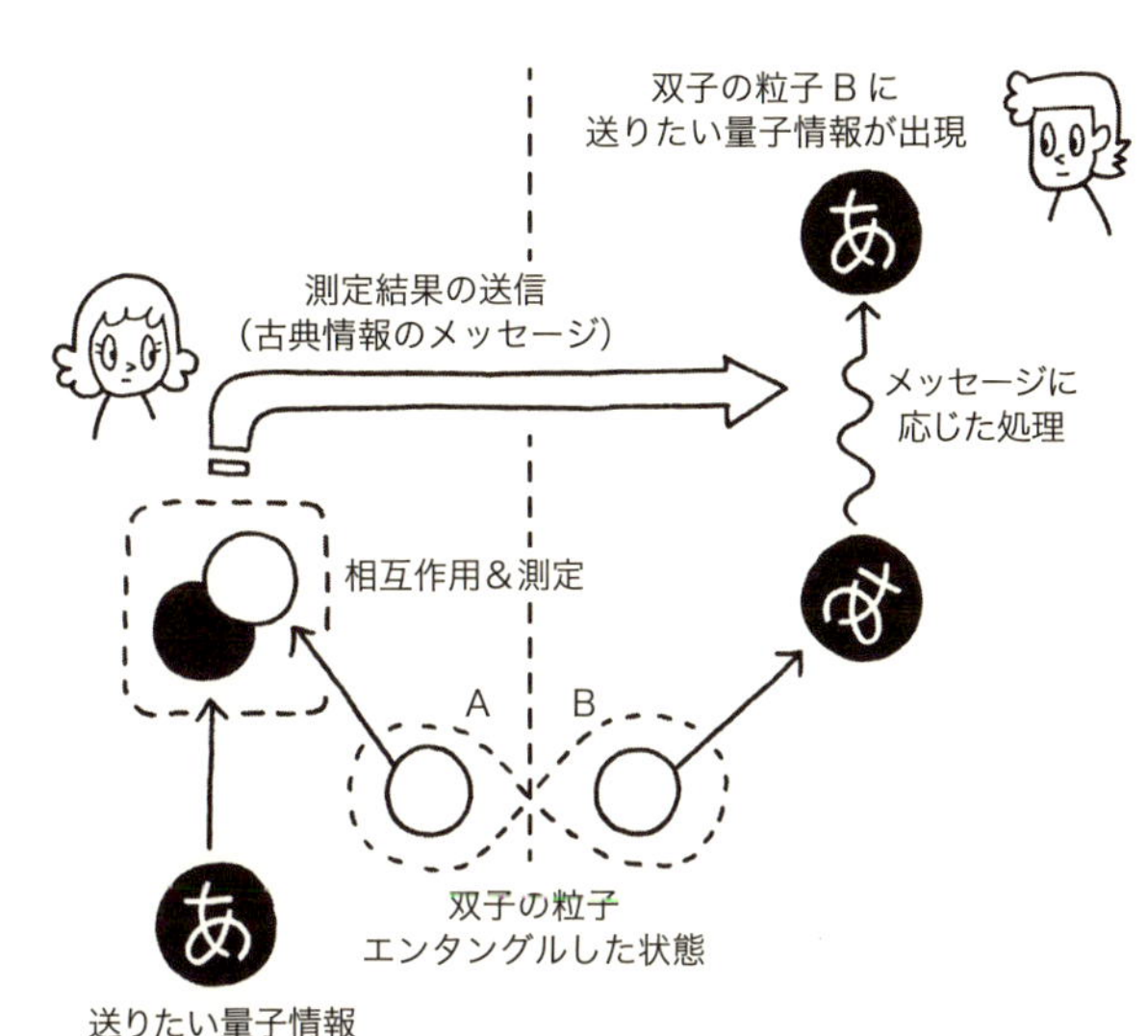

図 17　量子テレポーテーション

また、ベルの不等式の破れが示す、測定するまでアリスもボブも、そして神すら測定結果を予言することができない、という事実は、エンタングルした状態さえ共有してしまえば、誰にも盗み見られる可能性がない量子暗号も可能とする。アリスとボブが覗き方をランダムに測定し、たまたま向きが一致したときには、エンタングルメントの性質からまったく同じ結果が出るので、誰にも覗き見ることができない乱数を共有することができるのだ。もちろん後から測定した向きを伝えないと、どの結果を乱数として使ってもよいのかがわからないので、光速を超えた通信を行っているわけではない。このような乱数を鍵として、メッセージを暗号化して通常のチャンネルで送り、受信側は共有しておいた乱数を使ってメッセージを復元する。たとえ、量子力学が将来的にアップデートされて新たな物理学ができたとしても、ベルの不等式が破れている限り、この暗号方式を解読することはできない。まさに、物理法則によって守られた究極の暗号なのである。

さらに、エンタングルメントは、本書のメインテーマである量子コンピュータにおいて必須の要素である。エンタングルメントがまったくないような場合であれば、量子コンピュータによる計算の加速は起こらない。また、エンタングルした状態に対して、量子ビットの測定をうまく繰り返していくことによって計算を実行する、測定型量子計算という計算モデルすらある。

以上のように、古典的な直感では説明できない現象というのは、不思議であるだけでなく、従来の古典情報処理ではできないことを可能にしてくれる。そして、現在では、量子情報分野の研究者たちは、これらの現象を当たり前のことのように受け入れ、それを応用している。宇宙物理学分野の著名な研究者である佐藤文隆先生の言葉を借りると、まさに、「不思議とは古い理論への執着であり、技術とは不思議を制御すること」(第24回量子情報技術研究会)なのである。

様々な量子ビット

本章の最後に、ここまで見てきた量子ビットが実際の物理系でどのように実現することができるかを見ていこう。これらは、どれも量子コンピュータを実装するための量子素子の候補として研究が進められている(図18)。

核スピン量子ビット

分子に含まれる特定の原子は核スピンと呼ばれる小さな磁石の性質をもっている。この磁石を用いて量子ビットを作るのが核スピン量子ビットである。この核スピンに共鳴する電磁波を照射し、出力として得られる電磁波のエネルギーから原子の種類や分子の結合などの情報を得るのがいわゆる核磁気共鳴(NMR：nuclear magnetic resonance)である。体を構成する水分子にも核スピンがあるので、体内の水分子の分布を計測するのが、人間ドックなどで利用されるMRI(magnetic resonance imaging：磁気共鳴画像法)である。一般に溶液や固体中に分子はたくさん含まれている(水分子1 gに約3×10^{22}個の水分子が含まれている)ので、一つ一つの核スピンからの信号が弱くても全体として大きな信号を得ることができる。NMRは1930年代にはすでに実験的に観測されており、また、分子の分析という重要な応用があったことから制御技術も進展した。このため、量子力学に従った時間発展を実験的

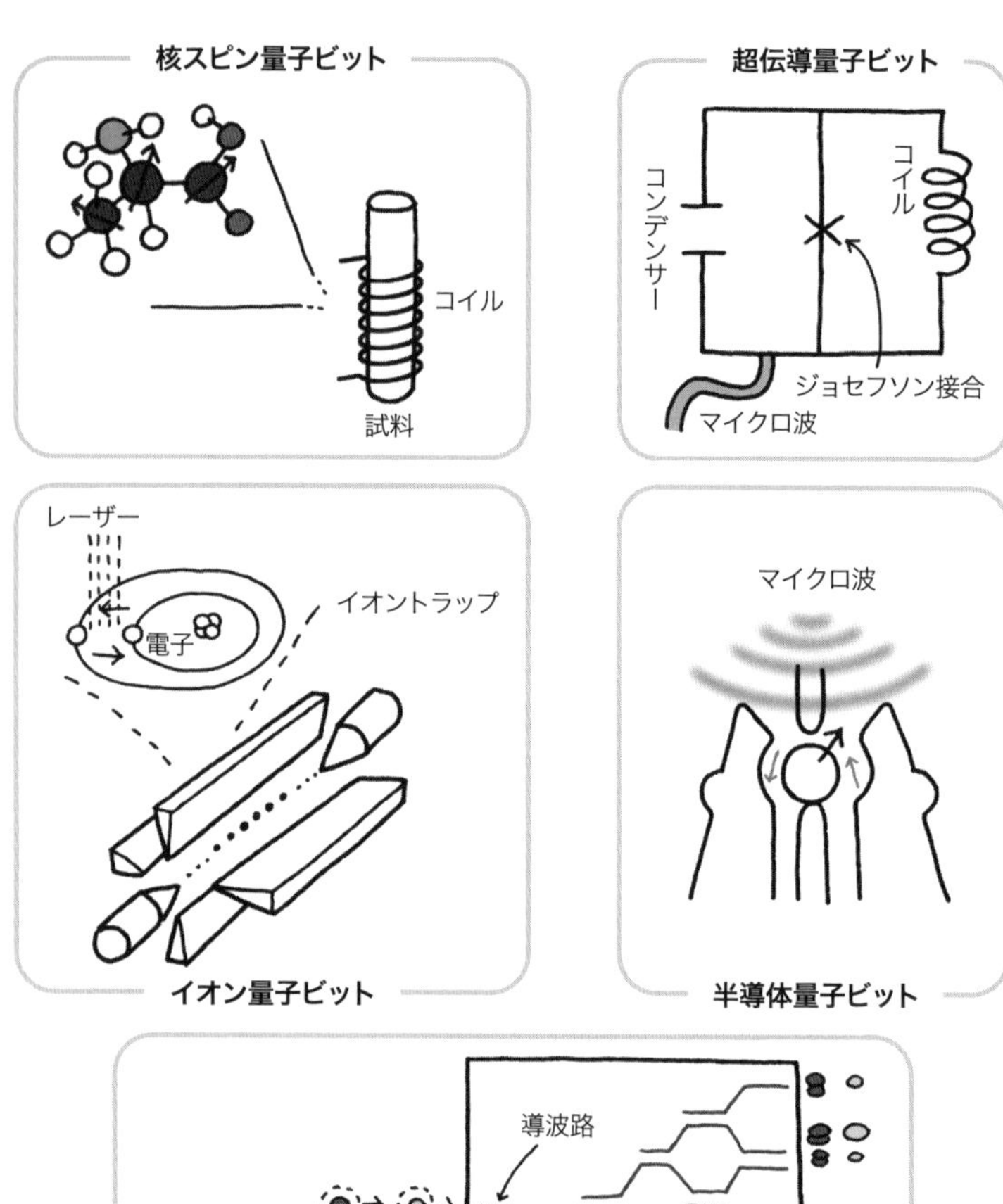

図 18　様々な量子ビット

に制御・検証できる数少ない系であった。

核スピンを量子ビットとして、核スピンの回転や核スピン間の相互作用を用いて量子コンピュータを構成しようというのが、NMR量子コンピュータである。IBMによって行われた量子コンピュータの最初の原理実証実験も分子とNMRを用いた実験であった。

たくさん含まれている分子の一つ一つを個別に制御することは難しいが、そのような操作が必要のない量子情報処理への応用が検討されている。また、NMRで培われた量子系の制御技術は現在も様々な固体量子デバイスの制御方法の基礎となっている。もともと分子の分析といった計測技術に利用されてきた方法であり、量子コンピュータの実現のために必要となる核スピンの初期化技術は超偏極技術と呼ばれ、MRIを従来の方法に比べて何万倍も高感度化することができると期待されている。

超伝導量子ビット

超伝導とは、特定の物質をごく低温まで冷やしたときに抵抗がなくなり電流が流れ続ける現象である。したがって、超伝導物質でコイルを作れば発熱なしで電流が流れ続け、磁石となる。このような技術は、MRIやリニアモーターカー、そして物質の根源を探索する高エネルギー物理の加速器などに利用されている。

超伝導物質内部では、本来反発する二つの電子が対(ペア)になってクーパー対を構成して通常の電子とはまったく異なるふるまいをみせる。たくさんのクーパー対が凝縮して協調して動くようになり波の性質が現れる。この結果、超伝導物質の場合は電子たちが抵抗を感じずに流れることができる。

この超伝導物質で作った向かい合った電極で、薄い絶縁体を挟む(ジョセフソン接合と呼ばれる)とクーパー対が一方の電極からもう一方へと飛び移る(トンネルする)ことができるようになる。クーパー対がある基準の個数存在する状態と、一対余分にトンネルしてきた状態を二つの状態として量子ビットを構成したものが電荷量子ビットである。

量子ビットの制御はマイクロ波を用いて行う。マイクロ波とは、電子レンジなどでも使われている電磁波の一種であり、可視光に比べると波長が長く単位エネルギーは小さい。マイクロ波を照射することによって、クーパー対の数、つまり二つの状態の重ね合わせ状態を制御することができる。このような仕組みで動作する超伝導量子ビットは、1999年に当時NECにいた研究者である中村泰信と蔡兆申らによって世界ではじめての固体量子ビットとして実現された。

当時の量子ビットは量子ビットとしてふるまう寿命が短く、安定して量子コンピュータを動作させることは難しかった。これを改善すべく研究が進められ、いくつものブレイクスルーを経て超伝導量子ビットは着実に進化してきた。電荷エネルギーが大きい領域だけではなく、逆に小さい領域では電流(磁束)が基準となる量子状態となる。この領域の量子ビットは磁束量子ビットと呼ばれている。磁束量子ビットでは電荷の違いの影響を受けにくいので、ノイズの影響を受けにくく、量子ビットの寿命が飛躍的に伸びた。さらに、現在では、トランズモン量子ビットという新たな方式が提案され、グーグルやＩＢＭ、そしてリゲッティ・コンピューティングなどが量子コンピュータの実装方式として採用している。当初の量子ビットの寿命は数十ナノ秒程度であったが、その後の試行錯誤の結果、現在では１００マイクロ秒を超える寿命の量子ビットが実現している。

超伝導量子ビットが共鳴するマイクロ波領域では、室温であっても物体からマイクロ波が輻射として放出される。例えば、高温でドロドロに溶けた鉄を想像してもらいたい。鉄から強い光が放出されている中では微弱な光を見つけるのは難しいであろう。我々が直接目で見える光の領域では鉄が溶けるくらいの高温にしなければ輻射が起こらないが、マイクロ波はもっとエネルギーが小さいため、室温であっても放出されている。このような環境では熱雑音のために量子ビットのエラーの原因になる。また、測定に必要な量子ビットからの信号を受け取ることもできない。このため、超伝導チップは冷凍機を用いて10ミリケルビン（ほぼ絶対零度）まで冷やされており、外部と接続されたマイクロ波ケーブルを通じて量子ビットの制御や測定のための信号の読み出しが行われる。

超伝導量子ビットは現在、量子コンピュータ技術の先頭を走っており、グーグル、ＩＢＭといった巨大ＩＴ企業や、オランダのデルフト工科大学の研究機関であるＱｕＴｅｃｈ、そしてベンチャー企業のリゲッティ・コンピューティングなどが研究を進めている。日本でも、東京大学先端科学技術研究センターなどを中心として、現在国家プロジェクトが進められている。量子ビットに対して読み出し線や制御線を周りから配線して制御する方法がこれまで主流であったが、量子ビット数を増やすためには量子ビットを2次元的に並べる必要がある。その場合は、真ん中の量子ビットたちへは周りから配線することができないので、3次元的に量子ビットへと配線を下す必要があり、その実現に向けて世界的な研究競争が繰り広げられている。

イオントラップ

イオントラップ方式は、電荷をもったイオンを量子ビットとして利用する。真空中でイオンを十分冷却し(ほとんど動かないようにし)、電極を用いて複数のイオンを捕獲(トラップ)し直線上に並べる。

量子ビットの基準となる状態は、原子のエネルギー状態を使うことになる。エネルギーの低い基底状態とエネルギーが高い励起状態のエネルギー差に共鳴する光をレーザーを用いて照射することによって、二つの量子状態の重ね合わせ状態を作ることができる。

電荷をもつイオンどうしはクーロン相互作用(電荷の反発)で反発するので、一つのイオンが揺れると他のイオンもゴムで繋がっているかのようにその影響を受ける。日常的には、物体が振動すると音になることから、このイオンの振動の自由度はフォノン（音の量子）と呼ばれている。残念ながら、実際には真空中のイオンが微妙に振動するだけなので音が聞こえるわけではない。しかし、このフォノンは複数のイオンの間で情報を伝達する媒体として利用することができ、このフォノンとイオンとの相互作用を誘起することによって、2量子ビット演算を実現することができる。

測定は、レーザーを照射することによって特定の状態にいるときだけ蛍光を発するようにできるので、CCD（charge coupled device）カメラでその蛍光を観測することによって行う。超伝導量子ビットなどの固体素子とは異なり、この方式でイオンの数（量子ビットの数）を増やしていくことは難しい。これを解決するために、複数のトラップで捕獲したイオンを移動（シャトル）させて結合させる、量子CCD方式や、光を用いて独立に捕獲されたイオンを結合させる分散型方式が検討されている。

イオントラップ技術はもともと、精密な時計（1秒の定義）を作るために研究されてきたため、その操作精度が高いという特徴がある。また、超伝導量子ビットと異なり、イオン（原子）は人工物ではないため、どれもまったく同じ量子ビットとしてふるまい、不均一性の問題なども生じない。まさに自然界が作り出した量子ビットと言えよう。

半導体量子ビット

現在のコンピュータの演算装置は半導体でできている。半導体とは、電気が流れる導体と、電気が流れない絶縁体の中間的な性質をもつ物質である。通常の導体（銅線を思い浮かべてもらいたい）は、電圧のかけ方次第でどちらの方向にも電流が流れるが、半導体は複雑な構造をもたせることによって、一方向だけに電流を流したり（整流効果）、電流を増幅したりする機能をもたせることができる。このような機能を利用して、計算を行う装置であるＣＰＵや情報を記憶する揮発性メモリ（ＤＲＡＭ）やフラッシュメモリが作られている。

半導体の電気回路を細かくすればするほど、一つのチップで計算できる量が増えるため、コストパフォーマンスが良くなる。この結果、ＣＰＵやメモリを構成する半導体回路はどんどん微細化してきた。現在では、配線の幅は十数ナノメートルまで細かくなり、微細化の方向性では限界を迎えつつある。しかし、この成熟した微細化技術はミクロな世界を操る必要がある量子コンピュータにとっても有用であると考えられ、様々な半導体量子ビットが提案されている。

その一つの方法として、電極をうまく配置し、マイナスの電荷をもった電子を一点に閉じ込める、量子ドットというものが利用されている。上記のイオントラップでは、原子の中にいる電子を利用するが、量子ドットでは、半導体基板上に電極によって捕まえた電子＝人工原子を用いて量子ビットを構成する。電子の自転であるスピンを利用したものや、二つの量子ドットを並べて右側に電子がいる状態と左側にいる状態を用いたものなど、様々な方法が提案されている。この後者の例は、まさに箱に電子を入れて真ん中に壁を作る例そのものである。このような電子に対して、電圧や電流を用いて量子ビットの操作を行うのが半導体量子ビットである。

光量子ビット

光は、現在の通信技術には欠かせないものであり、量子情報の担い手としても古くから研究されてきた。

光の強度を極限的に微弱にしていくと、これ以上小さくはならない、という光の最小の単位である単一光子状態を作り出すことができる。電磁波の振動には向きがあり、縦偏光や横偏光といった異なる状態があるが、単一光子の縦偏光と横偏光の状態を用いて量子ビットを定義することができる。このような量子ビットは偏光量子ビットと呼ばれている。

その他にも、二つの経路を用意してやり、どちらを光子が通ったか（まさに二重スリットの実験のように）という2種類の状態を用いて量子ビットを構成することもできる。また、単一の光子ではなく、もっとたくさんの光子を用いた連続的な値をとる光量子状態に、離散的な量子ビットを埋め込む方法（ＧＫＰ量子ビットやボソン符号などと呼ばれる）も検討されている。超伝導量子ビットなどの固体量子ビットとは異なり、光は常に移動している物理系であり、量子暗号などの量子通信への応用が検討されている。また、複数の量子コンピュータを、光量子ビットを用いて接続して計算をする分散型量子計算なども提案されている。

光に対する操作は、半透明ミラーなどの線形光学素子を用いて行うことができる。また、光は、外界との相互作用が少ないため、量子情報処理をする場合のノイズが比較的少ないという利点がある。

一方で、相互作用が少ないので、複数の光量子ビット間の操作など、非線形性を有する操作の実現は一定の確率でしか成功しないという欠点もある。また、光は意図せず散乱し、失われてしまうという光子損失の問題もある。測定型量子計算という量子計算モデルや量子テレポーテーションを用いることによって、このような光特有の問題を回避して、拡張性のある量子コンピュータが実現できることが知られている。

5章　量子コンピュータのからくり

量子コンピュータへの拡張

古典コンピュータにおいては、情報が二値の古典ビットによって表現され、そのビットに対して論理演算を行うことによって計算することを3章で見た。量子コンピュータでは、情報が量子ビットによって表現される。そして、その量子ビットに対して、量子演算を行うことによって計算を行うことになる。

測定をした時に確率的に0や1が得られるのであれば、サイコロを振ってランダムに0や1の状態を決めながら量子コンピュータの動きを古典コンピュータ上でシミュレーションできると思うかもしれない。しかし、量子の世界では状態は確率ではなく、それよりももっと根本的な可能性の重みである確率振幅で書き表されている。この確率振幅がすべてを支配しているため、確率振幅を操ることができない古典コンピュータではシミュレーションすることができない。途中で、状態が0もしくは1に確定してしまうと、それはもはや量子ビット

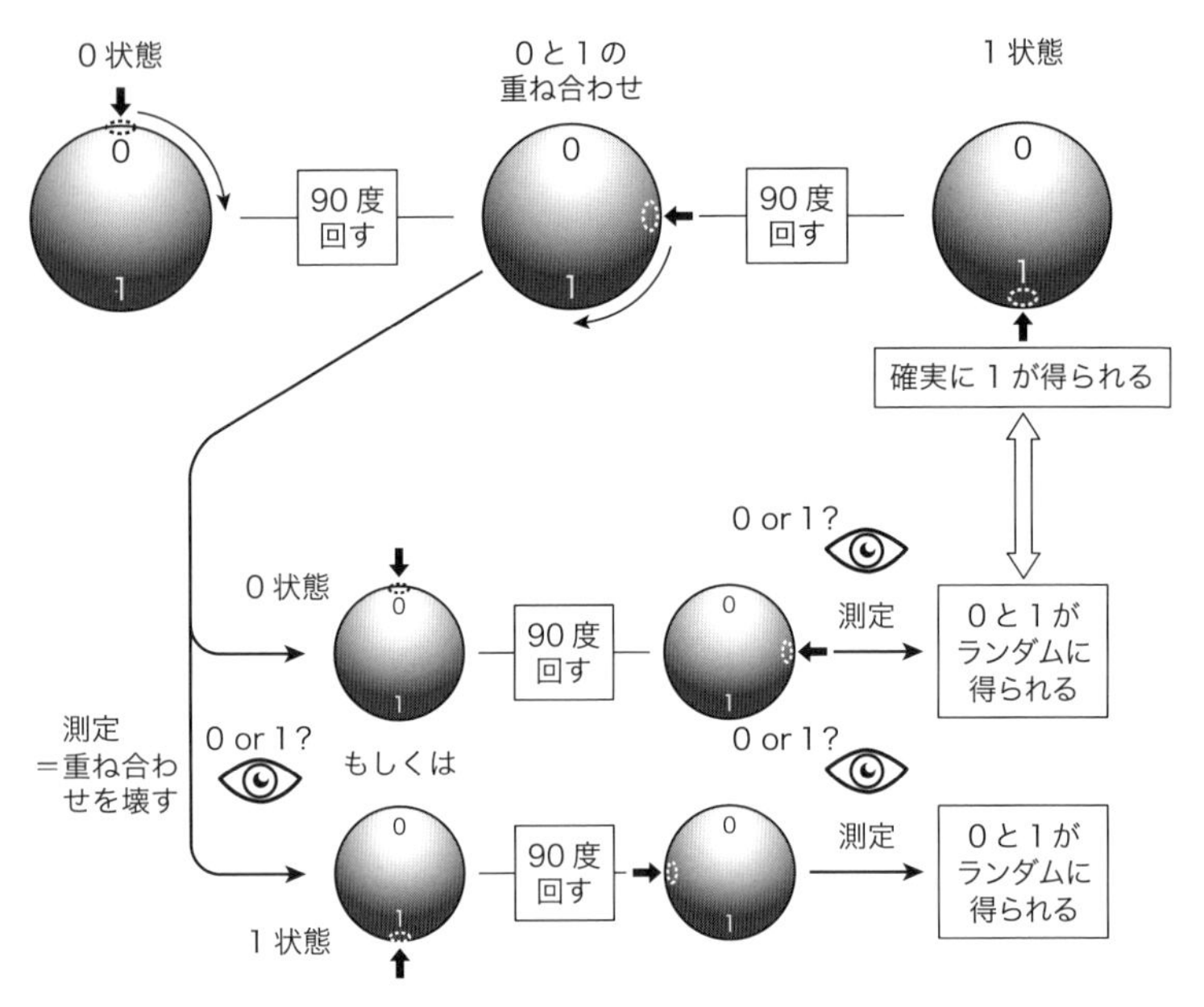

図 19　量子ビットの重ね合わせとコインフリップ

ではなく、可能性の重みが収縮してしまった単なる古典ビットに置き換わってしまう。

可能性が収縮してしまったビットと、量子ビットではまったくふるまいが違うことを見るために、図19のような状況を考えよう。まず0状態の量子ビットを準備する。その後量子演算（90度回すという操作）で0と1の重ね合わせ状態の量子ビットを作る。この段階では、0なのか1なのかはまだ決まっていない。仮に、この段階で量子ビットを覗き見て測定をしてしまえば、0か1かが確定してしまい、コインフリップをして0か1をランダムに決めてしまったときと状況は同じになる。しかし、この段階で覗き見ることをせずに再び量子演算を作用させることにする。重ね合わせの場合には、0がひっくり返り、重ね合わせのない1状態になる。この状態は重ね合わさっておらず、何回測定をしても確実に1状態を得ることになる。

次に、途中で重ね合わせの代わりにランダムに0か1かが確定していると考えてみよう。コインフリップの結果0になったとして、さらに回転するのでもう一度コインフリップする。そうすると、0と1の結果がランダムに得られることになる。つまり、途中で重ね合わさっている(＝確率よりも根本的な確率振幅で記述される)という説明でなければ、何回測定を繰り返しても1が出る、という状況を説明することができない。

このように、一度、重ね合わせとして分岐した可能性が、再び集まり一つの状態になることができる。このような現象は、干渉と呼ばれている。今の場合、回転の操作により0の可能性が打ち消され1の可能性が強め合うことによって確実に1になる状態が得られたのだ。この干渉効果は、重ね合わせがもつ重要な性質であり、0と1の世界が分岐してしまうと元には戻せない古典の確率の世界では起こりえない現象である。

可能性を打ち消したり、強め合ったりする干渉効果を用いることによって答えに可能性を集めてくるこの操作が、量子コンピュータが高速に問題を解くうえで重要な役割を担っている。

たくさんの量子ビット

これまで主に量子ビットが一つ、もしくは二つある状況を考えて量子の不思議について見てきた。しかし、量子コンピュータのすごさは、量子ビットがたくさんある場合を考えてはじめて現れる。というのも、量子ビットが一つの場合は、現象そのものは不思議であるが、所詮二つの複素数を書き出せば、実際に紙と鉛筆を使って計算することも容易だ。しかし、量子ビットの数が増えてくると状況は一変する。

まずは古典コンピュータの場合にたくさんビットがあるとどうなるかを考えてみよう。複数の古典ビットがある状況は、単純に0や1を並べて書いてしまうことができる。例えば、8ビットのある数は01101011のようになる。このような、ビットを並べたものをビット列と呼ぶ。Nビットからなるビット列は、0や1をN個並べることによって書き表すことができる。100ビットといっても、単純に0や1が100個並んだ数字のことであり、頑張ればノートに数行で書き出すこともできるだろう。

量子ビットの場合はどうであろうか。例えば、二つの量子ビットがある場合を考えよう。先の箱の例でいえば、箱が二つあり、それぞれに粒子が一つずつ入っている状況を考えてもらいたい。真ん中に壁を作ると、それぞれの箱において右側と左側に粒子がいるような全4パターンの可能性が重ね合わさっている。すなわち、量子力学ではありとあらゆる状態の重

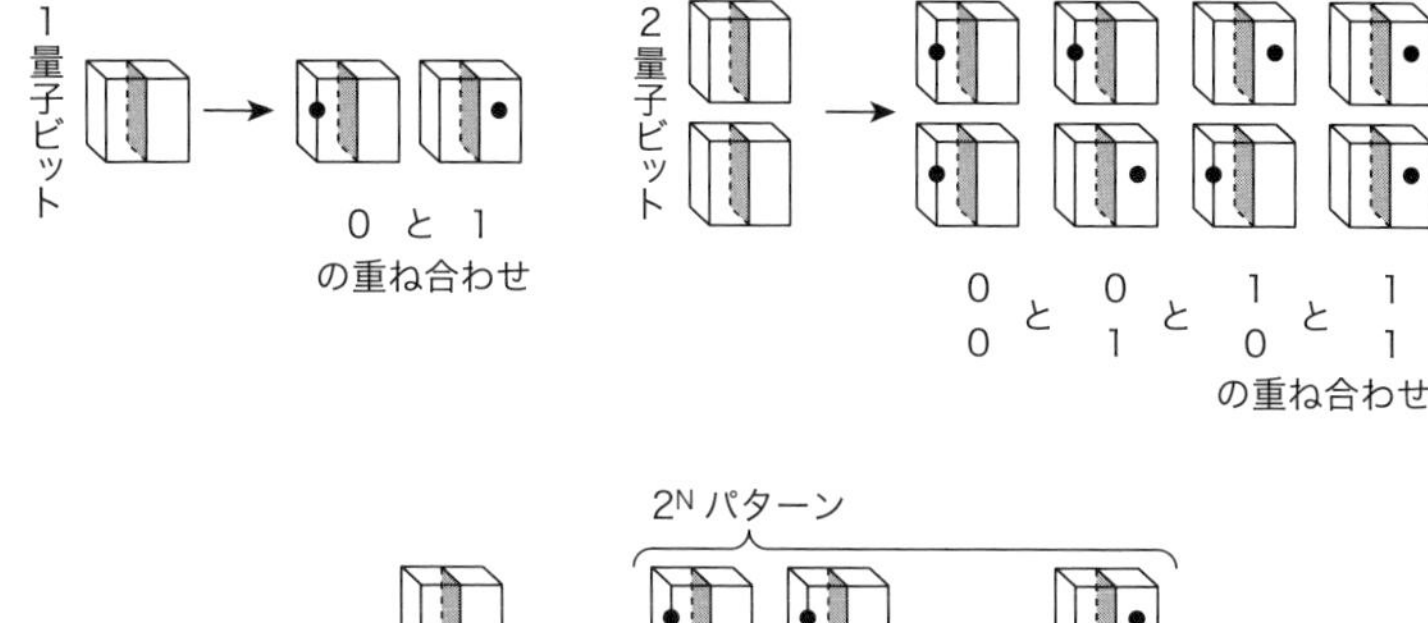

図 20　たくさんの量子ビット

ね合わせが許されているので、二つのビットがとりうるすべてのパターン00、01、10、11の重ね合わせが許されていることになる。それぞれのパターンの可能性の大きさを表すためには、4個の確率振幅を用いることになる。

三つの量子ビットの場合は、000から111までの全部で8パターンの古典ビットの状態のすべてを重ね合わせることができる。このため8個の確率振幅を用いて書く必要がある。

ここまでの話を一般的にN個の量子ビットがあった場合

に拡張しよう。Nビットのビット列は、すべてが0からすべてが1までの2^N個のパターンをとりうる(図20)。量子の世界では、どのビット列の状態であるか、は確定させずに重ね合わせにすることができるので、どのビット列が、どのくらいの可能性で重ね合わさっているかという確率振幅を、2^N個のすべてのパターンに対して複素数を用いて表現する必要がある。

量子ビットを古典コンピュータで表現すると?

量子ビットが1個なら2、2個なら4、10個なら1024、50個なら約1000兆のパラメータ(確率振幅)を用いて状態ベクトルを書き下さないといけない。もはや、ノートを何冊用意しても確率振幅を書き出すことはできないだろう。このように、重ね合わせの強さを決める確率振幅というパラメータの数は、量子ビット数Nに対して指数関数的に増えていく。古典ビットではNビットに対してN個の数字でよかったのでその差は歴然としている。

一つの複素数を古典コンピュータで表現するためには、実部と虚部をそれぞれ64ビットの実数で表現すると、16バイトのメモリが必要になる。ここで1バイトとはビットが8個集まった情報の単位であり、パソコンやスマートフォンのメモリの容量を測る単位となっている。

1量子ビットなら二つの複素数が必要なので32バイト、2量子ビットなら64バイト、10量子ビットなら16キロバイト、20量子ビットなら16メガバイト(1メガ=100万)となり、これぐらいであれば我々が日常的に使っているパソコンのメモリでも十分表現することができる。30量子ビットなら16ギガバイトとなり、高性能なパソコンであれば何とか対応可能であろう。しかし、40量子ビットになると16テラバイト、50量子ビットでは16ペタバイトになり、もはやスーパーコンピュータをもってしてもすべての状態ベクトルを記述することが難しくなる(表1)。

表1 量子ビット数と必要になる古典メモリの数

量子ビットの数	古典コンピュータで表現したら	
10	2^{10}＝1024個の複素数 16キロバイト	テキスト
20	2^{20}＝100万個の複素数 16メガバイト	音楽
30	2^{30}＝10億個の複素数 16ギガバイト	映画
⋮	スパコン(京コンピュータ)のメモリ ＝1.26ペタバイト	
50	2^{50}＝1000兆個の複素数 16ペタバイト	
⋮		
170	10^{51}バイト	地球にある原子の数10^{50}
⋮		
270	10^{81}バイト	宇宙にある原子の数10^{80}

270量子ビットの重ね合わせ状態をすべて古典メモリに書き出そうとすると、宇宙全体の原子を用いてメモリを作っても足りない。

このように、量子力学と互換性がなく、0と1の羅列だけで情報を表現するという原理で動作する古典コンピュータ上では、量子ビットの数が増えた場合、状態を書き表すことすらできない。

これは量子系一般に言えることであり、量子系のふるまいを古典コンピュータ上でシミュレーションしたければ、粒子数に対して指数関数的にたくさんのメモリを用いる必要がある。一方で、量子コンピュータでは、確率振幅も含めて複雑なパターンが重ね合わさった状態を、そのまま量子ビットたちを用いて物理的に表現することができる。そして、それら量子ビットを物理法則に従って自然に処理することができる。これが、量子力学で記述される自然現象を効率良くシミュレーションするためには量子力学で動くコンピュータを作らないといけないとファインマンが言った意図だったのである。

量子力学で古典コンピュータを理解し直す

量子コンピュータの説明に入る前に、量子の言葉を使って古典コンピュータを見直してみたい。そうすると自然と量子コンピュータのからくりが見えてくる。

量子ビットは0と1の可能性を表す二つの数値で状態が決まるのであった。古典ビットもこの流儀で書き通してみる。0状態を表す状態ベクトルはすべての確率振幅が0に集まっているので、(1.0, 0)というベクトルになる。同様に1状態は(0, 1.0)と書くことができる。この古典ビットに対する操作を考えてみよう。0と1を入れ替えるビットの反転は、次のような変換をしたことになる。

(1.0, 0) → (0, 1.0)
(0, 1.0) → (1.0, 0)

このようなビット反転の操作を簡単に書く方法はないだろうか？　実は、ベクトルに対して行列を作用させるという形で簡単に表現できることが知られている。行列とは、縦と横に数字を並べたものである。行列はベクトルに対して作用させると、

$$\begin{pmatrix} a_{11} & a_{12} \\ a_{21} & a_{22} \end{pmatrix}\begin{pmatrix} b_1 \\ b_2 \end{pmatrix} = \begin{pmatrix} a_{11}b_1 + a_{12}b_2 \\ a_{21}b_1 + a_{22}b_2 \end{pmatrix},$$

$$\begin{pmatrix} a_{11} & a_{12} & a_{13} \\ a_{21} & a_{22} & a_{23} \\ a_{31} & a_{32} & a_{33} \end{pmatrix}\begin{pmatrix} b_1 \\ b_2 \\ b_3 \end{pmatrix} = \begin{pmatrix} a_{11}b_1 + a_{12}b_2 + a_{13}b_3 \\ a_{21}b_1 + a_{22}b_2 + a_{23}b_3 \\ a_{31}b_1 + a_{32}b_2 + a_{33}b_3 \end{pmatrix}$$

のような計算を行う、というルールになっている。

ベクトルに対して行列の掛け算を使うと、いろいろと便利な処理ができる。このようなベクトルと行列を使うとビット反転は、図21のように計算されることになる。可逆化した足し算（XOR）なども同じように、量子力学の世界でベクトルと行

・ビット反転（NOT）

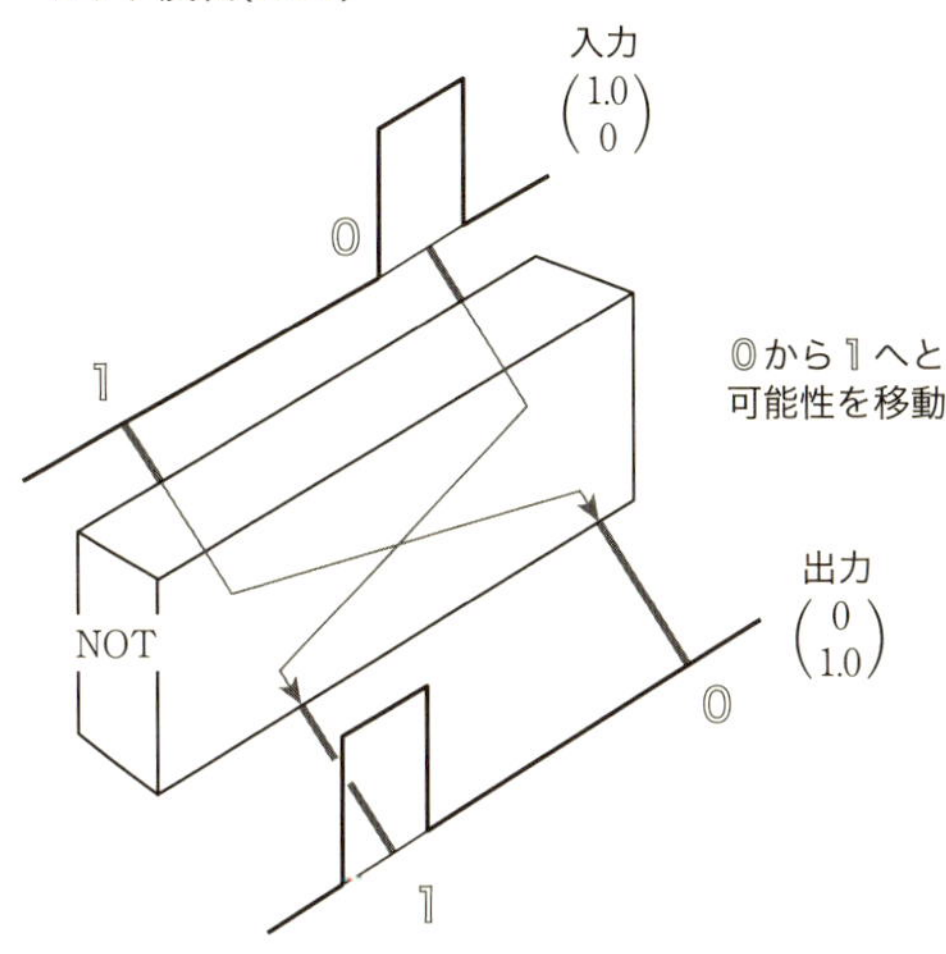

式で書くと

$$\begin{pmatrix} 0 & 1 \\ 1 & 0 \end{pmatrix}\begin{pmatrix} 1.0 \\ 0 \end{pmatrix} = \begin{pmatrix} 0\times1.0 + 1\times0 \\ 1\times1.0 + 0\times0 \end{pmatrix} = \begin{pmatrix} 0 \\ 1.0 \end{pmatrix} \begin{matrix} \leftarrow 0 \\ \leftarrow 1 \end{matrix}$$

行列　ベクトル

図21　古典計算その1

・0と1の足し算(XOR)

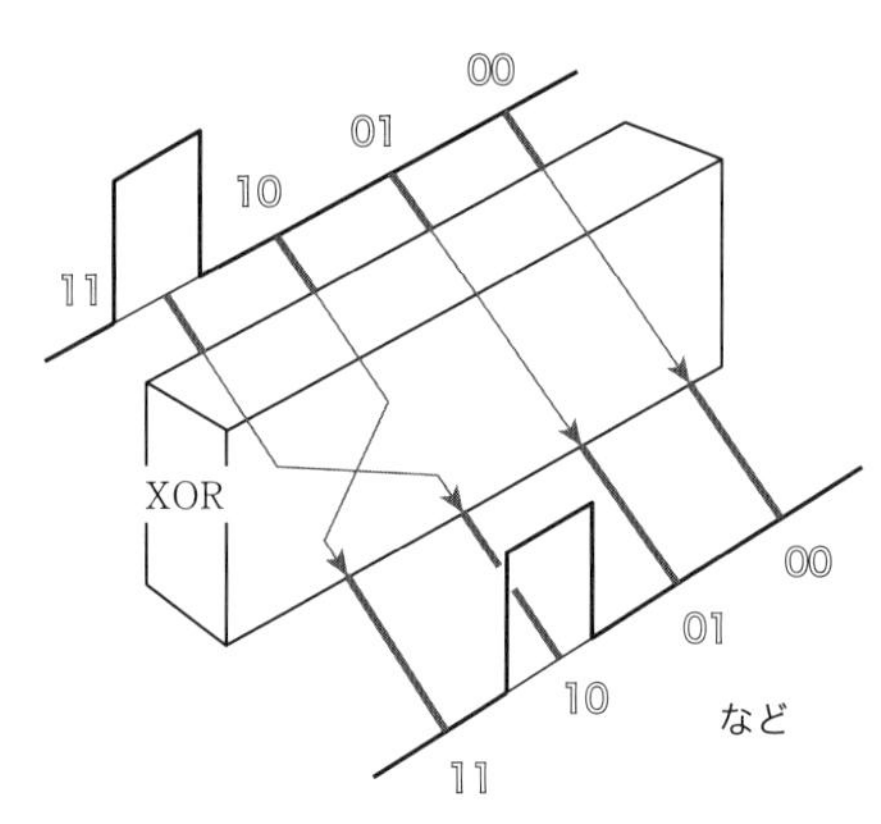

式で書くと

$$\begin{pmatrix} 1 & 0 & 0 & 0 \\ 0 & 1 & 0 & 0 \\ 0 & 0 & 0 & 1 \\ 0 & 0 & 1 & 0 \end{pmatrix} \begin{pmatrix} 0 \\ 0 \\ 0 \\ 1.0 \end{pmatrix} = \begin{pmatrix} 0 \\ 0 \\ 1.0 \\ 0 \end{pmatrix} \begin{matrix} \leftarrow 00 \\ \leftarrow 01 \\ \leftarrow 10 \\ \leftarrow 11 \end{matrix}$$

図22　古典計算その2

列を用いて書くことができる(図22)。

さて、ここで注目してほしいのは、古典の世界のビットは確率振幅がただ一つだけ1・0の値をとり、それ以外はすべて0になっているという点である。古典の世界は重ね合わせは許されていないので、確実に一つの状態をとらないといけないという制約がある。これが、量子力学という、より広い枠組みから改めて古典の計算を眺めたときの風景である。0がたくさん並んでいるところに可能性を染み出させることができれば、もっと違う風景が見えそうだ。

0と1だけの世界から解き放たれたコンピュータ

量子力学の世界では、いろいろなパターンの可能性が重ね合わさった状態を許す。(1.0, 0)のような古典の世界でも許された状態に加えて、(0.6, 0.8)といった0と1との可能性が

0・6と0・8の重みで重ね合わさった状態が許されている。

演算についても0と1以外の数から構成されたような操作が許されている。つまり、量子コンピュータというものは可能性が0か1だけの世界から、無限に広がる実数もしくは複素数の重みをもった可能性の世界へと計算を拡張したようなものであると言える。表現できる状態や演算が一気に増えるので、計算能力が向上するのも予想されるであろう。

図23左下にあるような重ね合わせ状態を作り出す演算はアダマール演算と呼ばれており、量子特有の量子コンピュータの基本演算として利用されている。もちろん、古典ビットに対するビット反転(図23左上)、可逆な足し算(XOR)なども、そのまま量子コンピュータの演算として利用できる。可逆な足し算(XOR)は、CNOT演算と呼ばれ、重要な基本演算の一つになっている(図23右上)。可逆な足し算は、一つ目のビットが1の場合にのみ二つ目のビットをビット反転しているが、量子コンピュータでは、一つ目のビットとして0と1が確定していない重ね合わせ状態を入力することができるので、重ね合わせのまま0の場合と1の場合に分岐して並列に処理することができる。例えばアダマール演算とCNOT演算を用いると図24のようにエンタングルした状態を作ることができる。

また、これまで行列の要素がすべて実数の例だけを見てきたが、一般的には確率振幅は複素数の値をとってもよかった。実数から一般的な複素数を作るためには、複素数を成分にもつ行列を導入する必要がある。例えば、図23右下のような行列は位相回転演算と呼ばれてお

量子から見た古典演算

・ビット反転(NOT)

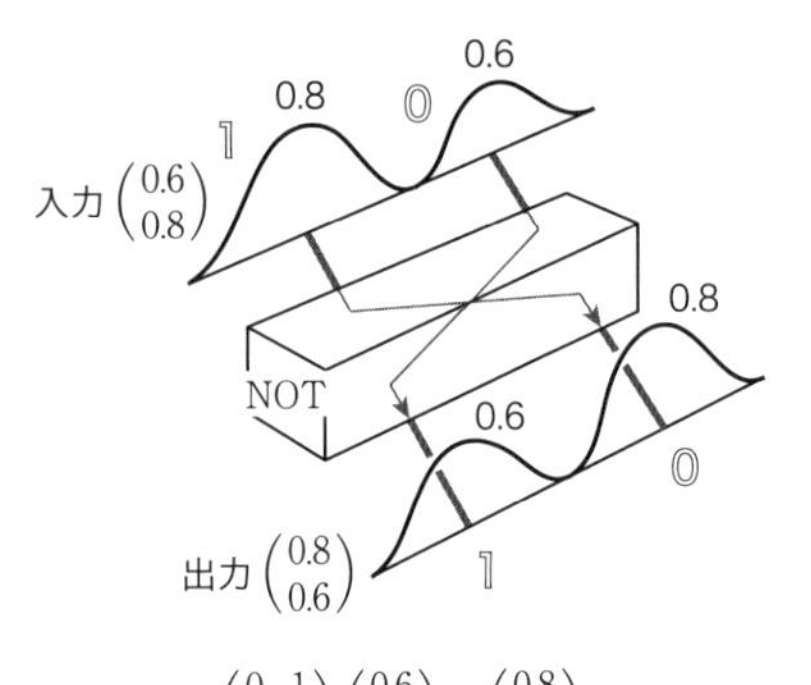

$$\begin{pmatrix} 0 & 1 \\ 1 & 0 \end{pmatrix}\begin{pmatrix} 0.6 \\ 0.8 \end{pmatrix}=\begin{pmatrix} 0.8 \\ 0.6 \end{pmatrix}$$

・0と1の足し算(XOR)→CNOT

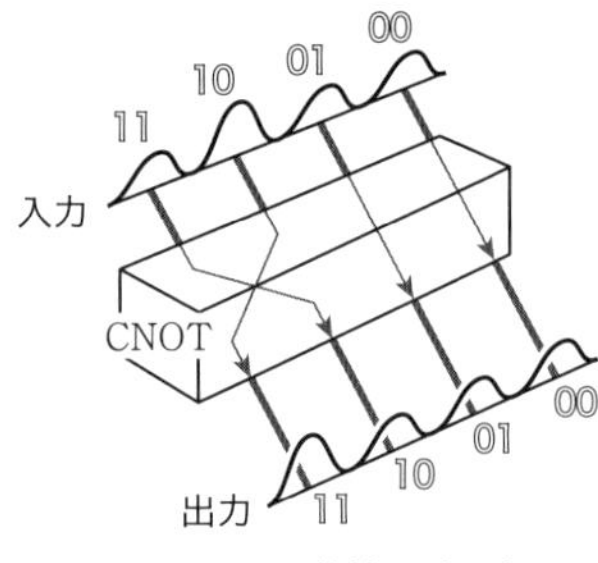

可能性を重ね合わせたまま計算する！

量子演算たち

・重ね合わせを作る アダマール演算

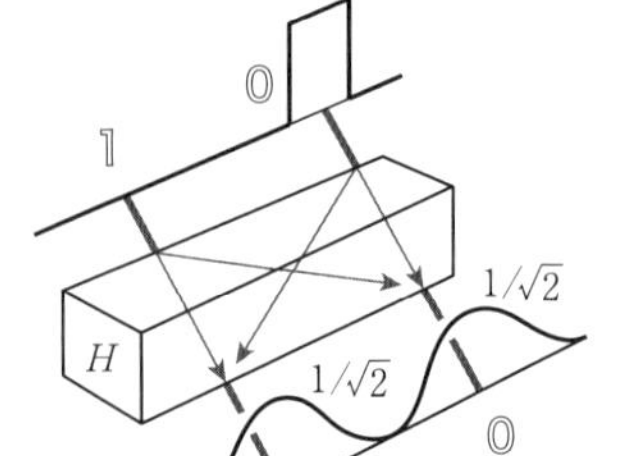

$$\begin{pmatrix} 1/\sqrt{2} & 1/\sqrt{2} \\ 1/\sqrt{2} & -1/\sqrt{2} \end{pmatrix}\begin{pmatrix} 1.0 \\ 0 \end{pmatrix}=\begin{pmatrix} 1/\sqrt{2} \\ 1/\sqrt{2} \end{pmatrix}$$

・位相を回転する 位相回転演算

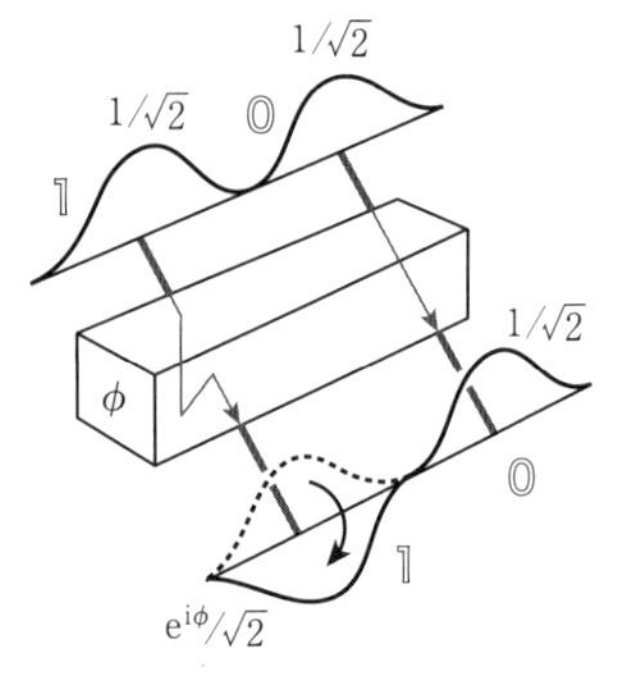

$$\begin{pmatrix} 1 & 0 \\ 0 & e^{i\phi} \end{pmatrix}\begin{pmatrix} 1/\sqrt{2} \\ 1/\sqrt{2} \end{pmatrix}=\begin{pmatrix} 1/\sqrt{2} \\ e^{i\phi}/\sqrt{2} \end{pmatrix}$$

図 23　古典と量子の計算

り、1状態の確率振幅のみを大きさを変えずに複素平面上の位相を回転させる。

図23にあるような3種類の演算、アダマール演算、CNOT演算、位相回転演算を組み合わせることによって量子力学で許されたどのような計算も実行することができる。つまり、これらは量子コンピュータのための万能演算となっており、これらを実行できる量子コンピュータは、万能量子コンピュータと呼ばれている(図24)。つまり、確率振幅の波を分けたりひっくり返したりねじったりすることでどのような複雑な波も作れるということだ。

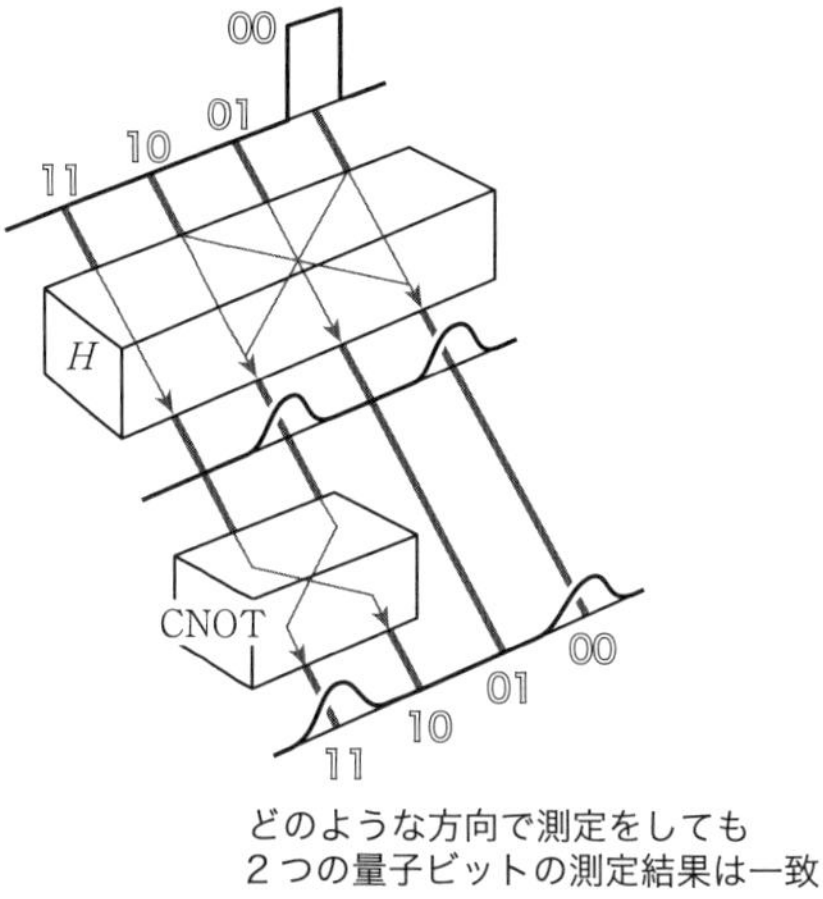

図24　万能な量子計算

量子力学という自然を記述する最も基本的な枠組みにおいて、許されたすべての操作が実行できるコンピュータなので、万能量子コンピュータは、宇宙最強のコンピュータであるといえよう。特に、ここで説明したような、基本的な演算素子(ゲート)から構成されているような場合、ゲート型、もしくは回路型の量子コンピュータと呼ばれている。万能量子コンピュータを構成する方法としては、この他にも、測定型量子コンピュータや断熱型量子コンピュータなど、様々なものが現在研究されている。

並列性と干渉

このような量子コンピュータが得意とするような計算はどのような計算だろうか？　そして、どのような意味で量子コンピュータは古典コンピュータよりも速いのだろうか？

しばしば、量子ビットは0と1の両方の値を同時にとることができるため、すべてのパターンを同時に計算することができると説明されることがあるが、実はこれはあまり正しくない。確かに、N個の量子ビットがあれば、2^N個のすべてのパターンが重ね合わさった状態を作ることができる。そのような状態に対して何かの計算を行えば、同時並列的に全パターンの計算ができそうだ。しかし、答えもすべてのパターンの重ね合わせになっており、それを測定してしまうと、確率的にどれか一つのパターンに可能性を収縮してしまう。可能性は、2^N個のパターンに広がっているので一つ一つは非常に小さい確率になってしまう。これでは、最初にランダムにサイコロを振り、ランダムに選ばれた一つのパターンについて計算をするのと何ら変わらない。

量子コンピュータが古典コンピュータに比べて高速に答えを見つけるためには、もう一つ重要なプロセスがある。それは確率の増幅である。図25を見てほしい。複素数である確率振幅は、量子演算をくぐることによって干渉し、特定の答えのところに確率を集めてくることができる場合がある。例えば、二重スリットの実験ではスクリーンの特定の位置にたくさん

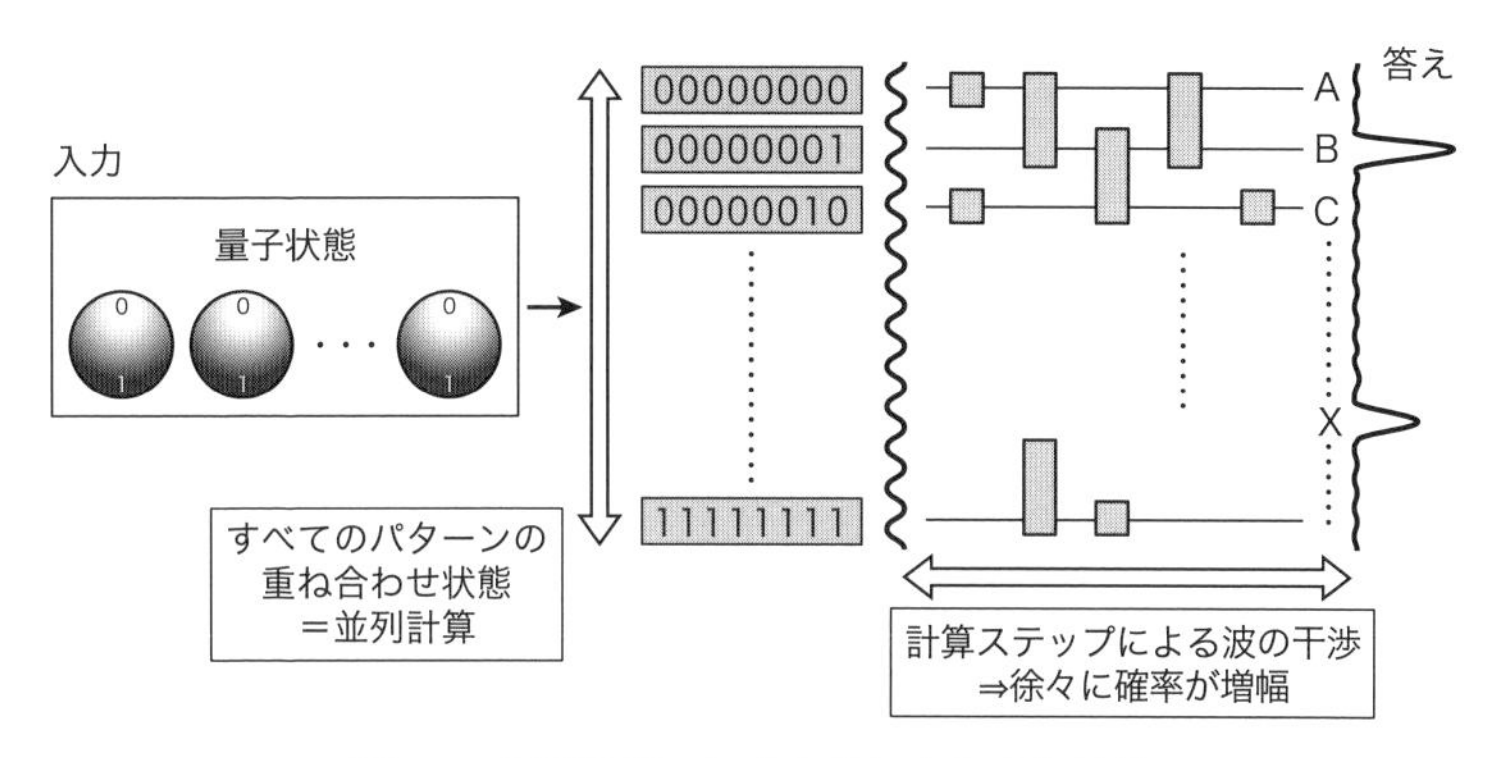

図 25 量子計算における重ね合わせと干渉

電子が着弾し、縞模様が観測される。4章で説明したように干渉は確率振幅に特有な現象であったので、この確率の増幅を行うためには確率よりも根本的な確率振幅で状態が記述されるという量子力学の性質が必須となる。

このような重ね合わせによる並列性と干渉による確率の増幅をうまく利用することによってはじめて量子コンピュータの高速性を享受することができるのだ。

素因数分解問題

量子コンピュータの創成期においては、情報と物理の融合領域に魅せられた一握りの先駆的な研究者が量子コンピュータの研究を行っていた。しかし90年代に入り、一つのブレイクスルーによって量子コンピュータに多くの研究者が興味をもつようになった。当時ベル研究所にいたMITの数学者ピーター・ショアが、素因数分解という誰でもよく知っている問題について指数関数的に高速に答えを見つけ出す量子アルゴリズムを見つけたのだ。

素因数分解とは、15＝5×3のように、整数を、1とそれ自身以外の約数をもたない整数、つまり素数の積に分解することである。ある二つの整数の積（合成数）が与えられたとき素因数分解を行う最も簡単に思いつく方法は、小さい素数から順にその整数を割り切れるかどうか試してみることである。2、3、5、7、11、…のように素数で割ってみると、いずれ（運が悪くとも合成数の平方根くらいまで試せば）割り切れるであろう。例えば、10403だとどうだろうか？ これを割り切ることができる素数をすぐに見つけることができるだろうか？ 101未満の素数では10403を割り切ることはできず、101で、はじめて割り切ることができる。

たった5桁の数字であってもこのような状況であるが、10桁、20桁、100桁と桁数が大きくなるにつれ、それを割り切ることができる素数の候補も指数関数的に増えていく。このため、愚直に試していくと桁数に対して指数関数的な計算コストがかかってしまう。309桁（1024ビット）の素因数分解は現在最速のスーパーコンピュータを用いても1年はかかる。これは一台のパソコンに換算すると約100万年に相当する。

このような大きな整数を素因数分解したいという需要はないと思うかもしれない。しかし、面白いことに、何かを計算することが難しいということが、我々の生活に安全性を提供してくれることがある。それはプライバシーを守るための暗号である。インターネットショッピングにおけるクレジットカード決済や銀行取引において素因数分解問題の難しさによって安全性を保証するRSA暗号が現在でも使われている。

RSA暗号の仕組みを簡単に説明すると、秘密のメッセージを受信したいボブは二つの大きな素数を選び、それらを掛け合わせた整数を秘密のメッセージの送信者であるアリスに事前に送る。これはいわば鍵の開いた状態の南京錠のようなものである。掛け算された値は誰が覗き見てもかまわない。アリスは、受け取った整数を用いてメッセージを暗号化する。秘密のメッセージを箱の中に入れ南京錠の鍵をかけて、ボブに送り返す。ボブは、受け取ったメッセージを復号する。この作業ができるのは、事前に選んだ二つの素数がわかる者だけである。つまり、南京錠を作ったボブにしか開けられないようになっているのだ。

もちろん、最初にボブからアリスに送った整数を素因数分解することができれば誰でも解読することができる。南京錠だって、物理的に破壊することができれば箱のふたを開けることができるのと同じだ。しかし、素因数分解をすることが難しい、という計算の難しさを使って、暗号化されたメッセージを守っている。

このように、素因数分解問題はスーパーコンピュータを用いても解くことが難しい問題の代表格として多くの数学者や計算機科学者の研究の的であったのである。

ショアの素因数分解

ショアによる素因数分解アルゴリズムは、二つの意味で驚異的であった。一つは、それまで難しいと信じられ、暗号の安全性の拠り所としてきた素因数分解問題が、量子コンピュータによって簡単に解くことができてしまうということ。二つ目は、チューリングの提案以降、最も一般的であり、それを超える計算モデルが現実世界には存在しないと考えられてきたチューリングマシンに対して、量的に性能を上回る計算モデルが見つかったことである。

チューリングは、チューリングマシンが現実世界で実現しうる最も一般的な計算マシンであると考えた。このようなチューリングマシンを基準として計算可能な関数を定義しようという指針がチャーチ＝チューリングのテーゼである。この計算可能性は、計算がいずれ終了し答えが必ず出るか否かという計算の難しさの質的な側面をもつ。一方、どのくらいの時間で答えを出せるかという計算の難しさの量的側面は考慮されない。もちろん、現実的には、計算に要する時間も重要である。このような計算の難しさの量的側面にチャーチ＝チューリングのテーゼを拡張したものが、拡張チャーチ＝チューリングのテーゼである。つまり、現実世界で実現しうるコンピュータで効率良く解ける問題は、チューリングマシンでも効率良く解くことができる、という主張である。ところが、素因数分解問題は、量子コンピュータでは効率良く解くことができるが、チューリングマシンでは、効率良く解けない。この事実は拡張チャーチ＝チューリングのテーゼに明らかに反する帰結であり、大きなインパクトがあった。

量子力学に慣れ親しんだ物理学者にとってみれば、古典的な0と1だけの計算のみで動く古典コンピュータを量子コンピュータが凌駕しうることはそこまで不自然ではない。ベルの不等式の例にもあるように、量子力学の世界では我々の古典的な直感に反する現象が起きてももはや不思議ではない。ファインマンが指摘したように、量子力学に従ってふるまう物理系のシミュレーションであれば、量子の原理で動く量子コンピュータが速いのは当然であろう。

しかし、量子や物理と直接的にはまったく関係のない素因数分解問題を、量子性を使うことによって指数関数的に高速化できるという事実は、物理分野だけではなく、幅広い分野にとって衝撃であったと思う。今まで最も一般的だと思われ計算機科学の基礎としてきたコンピュータのモデルが、我々の物理法則で作ることができる最強のコンピュータではなかったのだから。

このように、ショアによる素因数分解アルゴリズムの発見は、多くの計算機科学者と物理学者に大きなインパクトを与え、量子コンピュータ研究を情報と物理という極めて異質な二つの分野が交わる学際領域の最先端研究へと一気に引き上げた。

量子ビットのいらない量子アルゴリズム

最近では、様々な量子アルゴリズムが発見されている。例えば、逆行列の計算は連立方程式を解くために必要な計算であり、人工知能（ＡＩ）や物理シミュレーションには欠かせない。２０００年代後半には、逆行列の計算を高速化するための量子アルゴリズムも発見されている。さらに、２０１６年にはこのアルゴリズムを発展させて、推薦システムを指数関数的に高速化するという結果が注目を集めた。推薦システムとは、アマゾン（ネットショッピング）やネットフリックス（動画配信サービス）などでおなじみの、過去の履歴に基づいてオススメ商品・コンテンツを提示するために使われているアルゴリズムである。量子推薦システムは、古典アルゴリズムに比べて指数関数的な加速を実現できるため、量子コンピュータのキーアプリケーションとして大きな注目を集めた。

その頃一人の天才が現れる。14歳でテキサス大学に入学し、若干17歳で量子計算機科学分野の大家であるスコット・アーロンソンの授業を受けていた、エウィン・タンである。タンの才能を見抜いたアーロンソンはタンに幾つかの研究テーマを与えてみた。その中の一つが、量子推薦システムの古典アルゴリズムに対する優位性を示そうというものだった。しばらくこの課題に取り組んだところ証明することがなかなか難しいことに気づき、次第に、古典アルゴリズムでも効率の良い（つまり従来の古典アルゴリズムよりも指数的に速い）推薦アルゴリズムを構成できるのでは、と考えるようになった。そして、最終的には既存のどの古典アルゴリズムよりも速い古典推薦アルゴリズムを構築してしまった。

　この例は、二つの意味をもつ。一つは、量子アルゴリズムを利用する場合は要注意であるということ。量子アルゴリズムに問題を適合させるためにいろいろな制約が付く。この結果古典アルゴリズムでもうまくこの制約を使うことによって同じような高速化ができてしまう場合がある。もう一つは、量子アルゴリズムを研究することで、有用な古典アルゴリズムを見つけることができること。量子アルゴリズムの古典に対する優位性を示すためには、古典の最速のアルゴリズムと比較する必要がある。特殊な状況に古典のアルゴリズムは最適化されていないので、フェアな比較をするためには古典のアルゴリズムにも改善を試みる必要がある。このようにしてタンらが発見した古典アルゴリズムは、〝量子インスパイアード〟古典アルゴリズムと呼ばれている。これまで考えなかった、量子という観点から問題やアルゴリズムを考え直すこと、そしてそこに木当に量子でなければ達成できない計算の加速が寄与しているかを検討することによって、優秀な古典アルゴリズムを見つけることができるのだ。量子ビットが一つもなくても、量子アルゴリズムは役に立つのである。

6章　量子とノイズのせめぎ合い

エラーとの戦い

コンピュータの使命は計算をより速くより正確に行うことであり、その計算結果の精度が低いと使い物にならない。しかし、現実世界のデバイスに完全なものはなく、必ず製造段階の微妙なずれや、制御における誤差の影響でエラーが発生する。現在使っているコンピュータも、その黎明期にはノイズによるエラーの問題が取りざたされていた。当時コンピュータは真空管という増幅器を用いて作られていた。１９４６年に開発された世界最初の大型デジタルコンピュータであるエニアックは１万７千本の真空管からなる。真空管は中を真空にしたガラス球の内部に電極を配置した素子となっており、長時間使い続けると壊れる。エニアックは数時間から数日に１本の真空管が壊れ、修理が必要になる。また、真空管の誤作動のため間違えた答えが出力されることもある。エニアックの後継として開発されたプログラム内蔵方式のコンピュータであるエドバック（ＥＤＶＡＣ）のプロジェクトに参加していたノイマンは、レポートの中でこのように述べている。

「一定の確率でデバイスは誤作動する。そして、計算の規模が大きくなるとこのデバイスの誤作動は無視できなくなるだろう。このような誤作動によるエラーは計算機の出力を台無しにしてしまう。このようなエラーの識別や修正には、頭の良い人が介入する必要があろう。」（EDVACに関する報告書の第一草稿）

同じ頃、ベル研究所にいたリチャード・ハミングは、他の研究者が簡素な卓上機械式計算機では計算できなかった問題を、ベル研のリレー式デジタルコンピュータを用いて計算する役割を担っていた。金曜日に計算をスタートし、週末計算をさせ続け、月曜日にその結果を得るといった感じであった。

しかし、ある月曜日、計算結果を確認すると、途中でエラーが検出され、早々に計算はだめになっていたようであった。これではコンピュータを利用する意味がなくなってしまう。ハミングは、コンピュータ自身がエラーを検出できるのであれば、それを自動的に訂正できるであろうと考え、誤り訂正符号を発明した。

それからしばらくして、ノイマンは、個々の演算素子そのものが一定の確率で誤作動しても、きちんとエラーを訂正しながら計算を行う、誤り耐性のあるコンピュータの理論を1954年に構築した。このノイマンの理論は、NAND多重化として現在でも利用されている。レポートにおける指摘から約10年、ノイマンはコンピュータにおけるエラーの問題を克服する理論を自ら構築したのである。

このように古典コンピュータの歴史においてもエラーは重要な問題であった。新たな理論や技術革新によって我々はそれを克服してきたという経緯がある。今では目に見える形でエラーの影響が出てくることはない。個々の素子の精度は非常に高く、スーパーコンピュータ京に使われている一つの計算ノードあたり1万年に数回ほどしかエラーは発生しない。それでも京は約9万ノードあるので、エラーの問題に取り組む必要があるのだ。

デジタルコンピュータにおいてエラーをこのように小さくすることができた一つの要因は、電流や電圧といったアナログな物理世界に、ある一定のしきい値を設け、0もしくは1という離散的な値で情報を表現するデジタル化を行ったおかげである。アナログな物理量が少しゆらいでも0や1の意味が変わらないようにすることができた。

量子ビットはノイズに弱い

量子コンピュータにおいてもノイズの問題は深刻である。というよりむしろ、古典情報よりも量子情報の方が圧倒的にノイズに弱い。そもそも、我々の日常には量子的な現象はほとんど見当たらない。よく制御された実験室の装置の中においてはじめて量子現象を観測することができる。これは、量子的な重ね合わせ状態がノイズに対して非常に脆いことに起因する。

前にも述べたように、重ね合わせの状態を保持するためには、原理的にどちらの状態であるかまったくわからない、という状況を作り出さないといけない。しかし、量子ビットを、それを取り囲む様々な環境から完全に孤立させることは難しい。量子チップ上の不純物であったり、制御パルスのゆらぎの影響を受けて量子ビットが意図せず回転してしまったり、真空中に電磁波としてエネルギーを放出して量子ビットが初期化されてしまうなど、ありとあらゆる要因が量子ビットに悪影響を及ぼす。これは、量子ビットを取り囲む環境系が、意図せず量子ビットの状態が0なのか1なのかを覗き見てしまって、可能性の重ね合わせを収縮させてしまっていることに対応する。

量子ビットを観測して0もしくは1の状態が確定すると、量子ビットは単なるランダムな古典ビットへと劣化してしまう。量子ビットが劣化しておらず、重ね合わさった状態であるという性質は、量子コヒーレンスと呼ばれる。一方、コヒーレンスを失い、古典的なランダムな状態になってしまうことは、デコヒーレンスと呼ばれている。

このようなデコヒーレンスやノイズの問題は、単なる技術的な問題と思うかもしれない。確かに、これまで技術が向上してきて量子ビットのコヒーレンスは大きく改善されてきた。しかし、量子コンピュータの創成期には、このデコヒーレンスの問題は深刻であり、ともすれば量子コンピュータの高速性は机上の空論であり、現実世界の物理法則を考えると、このノイズの問題のために結局、計算は高速化されないのではないか、とすら考えられていた。

情報と物理の統合の火付け役だったランダウアは、「今の量子コンピュータは、空想的な技術に基づいており、様々な不完全性を考慮に入れていないので、きっとうまくいかないだろう、という脚注を論文に入れるべきだ」という批判をしたとされている。もちろん、意地悪で言っているのではなく、建設的な批判であった。

実際、量子コンピュータをノイズから守ることができるか？ といった問いかけは、単なる工学的に精度を改善できるかという問題をはるかに超えていた。量子コンピュータが物理法則で作りうる最強のマシンでありえるのか？ 拡張チャーチ＝チューリングのテーゼを我々の物理法則は破ることができるのか？ という重要な問題の根幹につながる問いだった。

量子情報はコピーできない

古典情報ではエラーに対処する最も簡単な方法は、情報をコピーして冗長化することである。例えば、0と1の代わりに、それぞれの複製を用意して000や111のように、三つのビットを用いて表現したとしよう。どれか一つのビットにエラーが発生し反転したとしても、残りの二つを使って多数決をすることによってエラーを訂正することができる。

しかし、量子の世界では不思議なことに、未知の量子情報を完全に複製することができないことが知られている。これは複製不可能定理と呼ばれている。このため、量子ビットをエラーから守るために、その複製を複数コピーして保存しておくということはできない。

さらに悪いことに、量子状態は確率振幅という連続的な値をとるアナログなパラメータで記述される。古典ビットの場合は、0と1という離散的な量なので、多少ゆらいだとしても意味が変わらないことと対照的である。

そして極めつけは、この確率振幅というパラメータは、量子ビットの数に対して指数関数的に増えていくのであった。ランダウアの問いかけは、このような膨大な量の連続的なパラメータで記述される量子状態を、精密に制御することが物理法則ではたして許されているだろうか？　ということであった。

物理法則を用いてパワフルな計算機を作る、と謳う以上、物理法則でそれが許されていなければ意味がないのである。

アナログコンピュータ

2章で述べたようにコンピュータの黎明期にはアナログコンピュータが多用され、デジタルコンピュータが登場するまでは主流だった。実際、理想的なアナログコンピュータの計算能力は極めて高い。もし、無限精度の実数の足し算・引き算・掛け算・割り算ができるような理想的なアナログコンピュータが存在すれば、チューリングマシンで指数関数的な時間がかかる問題を瞬時に解けることが80年代にすでに知られていた。

例えば、針金で作った枠にシャボン玉の膜をはることを考えよう。シャボン玉は表面張力のために最も表面積が小さくなるように膜をはる。複雑な形をした枠が与えられて、そのもとでどのような膜のはり方が表面積を最小にするか、という問題は極小曲面問題と呼ばれ、NP完全問題という難しい組合せ最適化問題に数学的に対応している。つまり、シャボン玉と針金で物理法則を使ったアナログコンピュータを構築できるのだ。

しかし、現在、そのようなアナログコンピュータは実現されていない。誰も、数十億ものお金をかけて、割れにくいシャボン玉の液や、シャボン玉の膜がはりやすい針金の金属の研究開発はしないだろう。なぜなら、このようなアナログコンピュータは現実世界ではうまくいかないことを経験的によく知っているからだ。

現実世界にはノイズの影響があるため、無限に高い精度を保証することは不可能であり、意味のあるアナログデータとノイズを切り離すことができない。シャボン玉の膜も、割れてしまったり、重力の影響を受けたりすることによって複雑な構造になればなるほど、最小曲面となる膜をはってくれなくなる。つまり、理想的な状況で考え出された計算モデルが高い計算能力をもつというだけでは不十分であり、原理的にそれを実現し設計どおり正確な答えを出力することを物理法則が許しているかどうかということが、計算の原理的限界、物理法則で許された最強のコンピュータを知るうえで重要であるのだ。

エンタングルメントで戦え

量子コンピュータにとって最も重要な要素である確率振幅は連続的な値をもつアナログ量である。量子コンピュータの高速性が、確率振幅のもつアナログ性に由来するのであれば、物理法則で許された最強のコンピュータという地位は獲得できず、計算機科学において基本となる計算モデルとしてのインパクトはいくぶん小さくなるであろう。ランダウアは、量子コンピュータもあまたの、そしてデジタルコンピュータの登場によって消え去っていたアナログコンピュータの一つだと考えたのかもしれない。もしくは、そうはならないように、アナログエラーの克服が必須であることを強調したかったのかもしれない。

このランダウアの批判に刺激されたのか、素因数分解アルゴリズムを発見したショアはその直後の1995年に量子ビットに対するアナログなエラーを克服するため量子誤り訂正符号を自ら作り上げた。

量子誤り訂正では、量子状態そのものはコピーすることはできないが、複数の量子ビットを用いて複雑にエンタングルした状態として守られた「論理」量子ビットを構築することによって、アナログエラーから量子状態を保護する。

量子的な相関であるエンタングルメントには、同時に異なる相手とは完全にエンタングルすることができない、という不思議な性質がある。環境系と相互作用することによって生じるデコヒーレンスは、量子ビットと環境系との望ましくないエンタングルメントに他ならない。このような現象を阻止したければ、情報を保持している量子ビットたちを強くエンタングルさせてタッグを組ませることによって、環境とエンタングルできる余地を奪ってしまえばよいのである。量子情報の黎明期からこの分野の旗振り役であったジョン・プレスキルは量子誤り訂正のことを、「(環境との)エンタングルメント(によるノイズ)には、(量子ビットたちを)エンタングルメント(させること)で戦え」と言っている。まさに環境とエンタングルしないように、量子ビットをがっちりエンタングルさせようという、方針なのだ。

簡単に説明すると、一つの物理的な量子ビットを用いて量子情報を表現するとそれがノイズの影響を受けて変化しても気づかない。このため複数の量子ビットをエンタングルさせ必ず同じようにふるまうようにして論理量子ビットを構成する。双子の粒子の例を思い出してほしい。エラーが発生するとエンタングルメントが壊れ、同じふるまいをしなくなる。これを検出し、残った情報から元の状態を復元するのが量子誤り訂正である。

この量子誤り訂正の発明という大きなブレイクスルーの後、多くの理論研究者の貢献で、不完全なデバイスから頑健な量子コンピュータを実現し正確な計算を可能にする、誤り耐性量子コンピュータの研究が進められた。そして、量子コンピュータの部品となるあらゆるデバイス、状態初期化、量子演算、測定においてたとえノイズが含まれていたとしても、その大きさがあるしきい値よりも小さければ、計算結果の精度をいくらでも上げることができる、というしきい値定理がついに証明された。このようにして、ノイズなどが含まれた現実世界の素子を用いて計算結果の精度を保証しながら計算を行うことができる、誤り耐性量子コンピュータが可能であることが明らかとなった。

しきい値定理は量子コンピュータの臨界点のようなものである。そのノイズレベルさえ実験的に達成できれば、量子ビットの数を増やすことでいくらでも量子コンピュータの計算結果の精度を上げることができる。つまり、実験家はノイズの問題と果てしなく戦う必要はなく、しきい値という明確な目標を達成すればよいということになった。

この当時、しきい値定理が要求するエラー率は0.0001％程度であり、実験の精度と比べると非常に厳しい条件であった。しかし、量子コンピュータが物理法則で許された現実的な計算モデルであるのかどうか、計算機科学の新たな基礎となりうるか、という点に関しては、完全なる理論の勝利であったと言える。

量子コンピュータは確率振幅というある種アナログな量を使うことによって計算を加速しているが、量子情報に発生するアナログエラーについてはデジタル化して訂正することができるのだ。量子力学は、デジタルとアナログが両立するように、奇跡的に美しい構造をとっている。まさに、量子コンピュータを作り上げろと言わんばかりである。筆者がこれをはじめて知った時、鳥肌が立ったことを今でも覚えている。これが量子誤り訂正を専門分野に選んだ大きな理由である。

ランダウアの重要な批判は、量子誤り訂正から誤り耐性量子コンピュータに至る一連の研究を誘発し、しきい値定理の構築によって、量子コンピュータは、物理法則で許された最強のコンピュータの地位を獲得しえたのである。また、一度可能であることが示されると、理論はどんどん改善されていく。現に、最近ではこのエラー率は1％程度であっても許容できる理論が構築されている。さらには、後に述べるように、量子コンピュータのエラーを訂正するために作られた量子誤り訂正理論は量子多体系を理解するための理論として基礎物理分野で利用されるまでに至っている。

第一次ブームと停滞期

ショアによる素因数分解アルゴリズムの発見以前の量子コンピュータ研究は、どちらかというと情報と物理の境界領域に興味をもったマニアックな研究者の研究対象であった。しかし、ショアの発見により、非常に重大でかつ難しい問題が量子コンピュータでは簡単に解けることがわかり、多くの物理学者や計算機科学者が量子コンピュータの研究へと参戦し、第一次量子コンピュータブームを迎えることになる。

量子コンピュータの実現に向けた実験についても、当時ＮＥＣの研究所にいた中村・蔡らが、超伝導を用いた電気回路上で量子ビットを実現。他にも先述の量子誤り訂正理論の構築や発展など、量子コンピュータを実現するうえで重要な理論が立て続けに構築されていき、90年代後半から２０００年代前半は華々しい黄金時代であった。量子コンピュータに直接関連する研究以外にも、量子の世界における情報理論の基礎となる、量子情報理論や量子特有の現象であるエンタングルメントを定量的に理解するエンタングルメント理論、そして、量子暗号の安全性証明など、ありとあらゆる面において量子情報科学の研究はすさまじい勢いで進展した。

しかしながら、2000年代中頃から後半になると新しいアイデアや理論が次々に出るというよりは、既存の理論をより精密化していったり、量子情報科学で得られた知見が他の分野へと応用されていく研究が増えていったように思う。一方で、実験においては、1量子ビットや2量子ビットからなかなか量子ビット数が増えない時代が続いた。また、量子ビットの演算精度もなかなか上がらない。どのような系でどのような制御方法で量子ビットを実現するか、といった周辺技術を網羅的に探索・開拓し、より良い量子ビットの実現とその制御のためのノウハウを蓄積していた時代ということになる。

傍から見ると、このような段階はまったく進展がない停滞期のように見えていたかもしれない。他分野の研究者からは、「量子コンピュータはいつになってもできない。50年以上かかるのではないか」と、言われるような現状であった。私は、このような停滞期の真っ只中の2005年に量子コンピュータの研究を開始した。当時、日本で大規模な量子コンピュータのための理論研究はほとんど日の目を見なかった。単純に量子誤り訂正や誤り耐性量子コンピュータを専門とする研究者が少なかったというのもあるかもしれない。

実現への壁

量子誤り訂正符号と誤り耐性量子コンピュータの発見は完全なる理論の勝利だと言っていい。しかし、2000年代初頭の第一次量子コンピュータブームでは、量子ビットをたくさんチップ上に並べて、大規模な量子コンピュータを実現させようと、本気で取り組むような機運はなかなか訪れなかった。ましてや、当時グーグルやインテルといった企業はまだ量子コンピュータについては様子見どころか、まったく注目していなかったのではないだろうか。IBMは、理論と実験の両面から基礎研究を長らく行ってきたが、本気で実装するような体制ではなかったように思う。

当時の状況は、精度保証された量子コンピュータへの道筋がはじめて通ったというような状況であり、それは極めて細く、そして長いものであった。どちらかというと、原理的に量子コンピュータの実現を阻むような物理法則はどうやらなさそうである、ということがわかったという段階だった。当時の理論では、量子ビットは複雑に接続される必要があったし、許容できるノイズレベルも非常に低く、実験家が本気で量子コンピュータの実現に向けてエンジニアリングをするには、ハードルが高すぎた。

2012年に光と原子を量子的に制御する技術の確立によってノーベル賞を受賞したセルジュ・アローシュは、「理論家にとっての夢は、実験家にとっての悪夢」という名言を96年に残している。理論家にとって、量子誤り訂正理論の存在は現実世界のデバイスを用いて量子コンピュータを実現することを示す夢である。しかし、それを実現するには、究極的に難しいエンジニアリングをしなければならない。アローシュは一貫して量子コンピュータの実現には否定的であった。

一方、一つ一つのイオンを電極で捕獲してレーザーによって量子計算をするイオントラップ方式のパイオニアであり、アローシュとともにノーベル賞を獲得したデイビッド・ワインランドは、ノーベル賞受賞にあたって量子コンピュータについて「役に立つ量子コンピュータの実現には、まだまだ多くの時間が必要であるが、それでもなお我々の多くはそれを実現できると考えており、いずれ実現するだろう」とアローシュとは対照的なコメントを残している。ワインランドが専門とするイオントラップは1秒をより正確に定義する精密な時計を作るための技術である。精密に系を制御することへのこれまでの経緯や自信、そしてこれまで脈々と受け継がれてきた人類の科学・テクノロジーへの飽くなき探究心から生まれた言葉なのかもしれない。

7章　ブレイクスルー

ヒントはエキゾチックな物質に

２０００年代中盤から停滞気味であった量子コンピュータブームが再び盛り上がりだしたのは２０１０年代に入ってからである。実は、この停滞気味の時代に密かにブレイクスルーの種はまかれていた。

私がちょうど学部4年生の頃、ある原稿がインターネット上で公開されていた。ロバート・ラウッセンドルフらの研究で「誤り耐性一方向量子コンピュータ」というタイトルが付いていた。

今でもよく覚えているのは、２ページ目に楽しそうな手書きのチューブの絵が書いてあることだ。この絵の愉快さとは反対に内容は非常に難解で、当時の私にはだいぶ難しく、結局完全に理解したと言えるまでに2年を要した。その後、後続の論文「２次元高しきい値誤り耐性量子計算」が発表された。この論文は、２次元平面上に並べられた量子ビット配列に対して、隣り合う量子ビット間の相互作用だけで量子誤り訂正を行いながら量子計算をする方法の提案であった。

それまでの誤り耐性量子コンピュータの研究では、量子ビットを複雑に接続する必要があった。しかし、超伝導量子ビットや半導体量子ビットなど、多くの場合において実験的に実現しやすい量子デバイスは2次元チップ上に並べられている。このような要請を満たすために、2次元平面上で隣り合った量子ビット間の操作に限定すると、許容できるエラー率が0.001%にもなり、到底実験的に到達できるものではなかった。

上記のラウッセンドルフの論文は、アレクセイ・キタエフが1997年に提案したドーナツ型の表面(トーラス)上で定義される量子誤り訂正符号、トーラス符号(toric code)に基づいている。キタエフは物質系における新奇な(エキゾチックな)現象であるトポロジカル秩序と量子誤り訂正との間に数理的な関係を見出し、両者の良い点を取り込んだトーラス符号とそれに基づいたモデル、キタエフ模型を提案したのであった。

物質の秩序と量子誤り訂正はまったく関係がないように思えるかもしれないが、実は両者は数学的にはまったく同じ構造をもっている。

通常の磁性体などは、上下をひっくり返しても同じ理論になるように対称性をもっている。温度を冷やすとこの対称性は破れ、自発的に磁石(スピン)の向きがそろい上下の区別がつくようになる。量子ビットは、重ね合わせ状態で情報を表現するので、同じ方向を向かれてしまうと量子ビットではなくなってしまう。つまり対称性とその破れによる秩序形成で説明されるような従来の物質は量子ビットには向いていない。

一方、トポロジカル秩序をもった物質では、このような通常の意味での対称性の破れによる秩序形成が行われず、量子重ね合わせ状態がゼロ温度において安定的に保持されるという特徴がある。これは、トポロジカル秩序をもった物質がもつ量子情報は、ドーナツ型の表面に巻きつきがあるか否かによって表現されているので、表面を少しいじっても量子情報を変更することができないことに起因する。つまり物質が情報を記録する方法として、すべての粒子の向きをそろえるというタイプの方法ではなく、トポロジーの違いを用いているのだ。このように、形状（トポロジー）が重要な役割を果たしているのでトポロジカル秩序と呼ばれている。そして、表面を少しいじっても量子情報が変更されずに安定的に保持されるというこの構造は、量子誤り訂正そのものであり、両者は数学的にまったく等価なものであることが明らかになったのである。

このような関係から、トーラス符号は量子コンピュータをノイズから守るだけでなく、トポロジカル秩序という物理現象を理解するための模型としても大成功を収めている。実は、2017年から2018年にかけて放送されていた仮面ライダービルドの主人公である物理学者もトーラス符号に興味をもっていたようで、第20話では主人公の秘密基地にある黒板にトーラス符号の数式が登場している。

物理的な要請から取り込んだトーラス符号は、隣り合う量子ビットどうしの操作のみで量子誤り訂正ができるという良い性質を生んだ。このシンプルさは、エラーに対する強い耐性にも繋がった。それまで2次元平面方式における許容しうるエラー確率のしきい値は0・01%程度であったものが、ラウッセンドルフによる表面符号を用いた誤り耐性量子計算の提案では1%付近にまで3桁も改善された。まさに、障壁をクリアするためのヒントは自然界にあったのだ。

この結果は、実験家たちを勇気づけた。2次元平面に並べられた量子ビット配列に対する局所的な操作によって量子誤り訂正を行うことができ、誤り耐性量子計算を実現できるからだ。また、量子コンピュータの臨界点とも言えるエラー確率のしきい値も、1%というエンジニアリングによってなんとかなる射程距離に入ってきたのだ。後にグーグルに移籍し量子コンピュータ開発を世界的に牽引することになるジョン・マルチネスは、このトーラス符号を用いた方式を聞いた時、これなら量子コンピュータを本当に作ることができると感じたそうだ。

量子アニーリング

第二次量子コンピュータブームのきっかけはこれだけではなかった。1998年に東京工業大学の門脇正史・西森秀稔らによって理論的に提案された量子アニーリングも一つのきっかけを生むことになる。

量子アニーリングは、量子的なゆらぎを従来コンピュータ上のシミュレーションに取り込むことによって、イジング問題と呼ばれる種類の組合せ最適化問題を近似的に解くヒューリスティック(経験的手法)である。

素因数分解アルゴリズムなど、特定の手続きを行うことによって確実に正しい答えを得られる厳密なアルゴリズムとは異なり、ヒューリスティックというのは経験的な方法に基づき、だいたい良さそうな答えが得られる方法のことを指す。クラスの中で最も背の高い生徒を探すときに、一人一人きちんと身長を測って比較し、最も背の高い生徒を見つけ出すのと、クラス全体をざっと眺めて、最も背の高そうな生徒をあてずっぽうで見つけるのの違いのようなものである。

ヒューリスティックは、応用範囲は広く計算時間も一般に短いことが多いが、近似であるため確実に答えが得られるわけではない。厳密なアルゴリズムは必ず正しい答えが得られることが保証されているが、構造は複雑でヒューリスティックよりは時間がかかる。このため、厳密なアルゴリズムとヒューリスティックは、まったく異なったアプローチとして用いられており、その応用先や使い方も当然異なる。

量子アニーリングは、量子力学を利用した最適化のためのヒューリスティックアルゴリズムである。提案当初は古典コンピュータ上で量子ゆらぎの効果を擬似的に取り込んだシミュレーションが行われていたが、それを実際の量子デバイスで実現しようとするベンチャー企業が現れた。カナダのD-Wave社である。

D-Wave社は、当初、量子演算に基づいた回路型の万能量子コンピュータを目指していたが、実現への壁の高さから、より実現が容易な量子アニーリングへとシフトした。あまり論文や科学的に詳細なデータを公開していなかったため、高度な量子デバイスを本当に実現しているとは思われていなかった。2011年に開催された量子誤り訂正の国際会議QEC2011(私も参加した)のラボツアーで、当時ロッキード・マーティンが購入したD-Wave社の量子アニーリングマシンの見学会が行われた。この時、計算機サーバーのような巨大な黒い箱の中からは、希釈冷凍機の音が漏れ聞こえ、さらに黒い箱には扉がついており、中には希釈冷凍機の横に研究者と思われる人が入っていた。当時、量子アニーリングマシンの性能を示す課題として数独というパズルが用いられていたので、この光景を見て巨大なマシンはダミーで実際には中の研究者が数独を解いて答えを送っているのではないかと、揶揄する人もいたぐらいである。

しかし、次第にD-Wave社は方向転換し、量子アニーリングの性能について論文を発表するようになる。実機にはノイズがあるので理想的な量子アニーリングとまでは言えないが、最適化問題の近似解を出力できていることが確認されている。それに興味をもったグーグルは、NASAと協力して量子AI研究センターを創設し、そこにD-Waveマシンを導入し、さらに超伝導量子ビットの専門家であるカリフォルニア大学サンタバーバラ校のジョン・マルチネスや、スイス連邦工科大学チューリッヒ校のマティアス・トロイヤーなど、量子系のシミュレーションの専門家を招聘して、その潜在能力についての調査を開始した。グーグルが量子コンピュータに興味をもち出したことは他のIT企業に大きなインパクトを与えた。

ギークたちによる究極のエンジニアリング

2014年に状況はさらに一変する。マルチネスのグループが、量子誤り訂正のしきい値の要求を満たすほどの超低雑音の超伝導量子ビット(5量子ビット)とそれに対する演算を実現する。一つの量子ビットに対する演算のエラー率は0.08%、2量子ビット演算のエラー率は0.6%、読み出しエラー率は1%という値であった。誤り耐性量子計算の実現に十分な値である。

この成果は、私にとっても衝撃的だった。学部生の頃から量子誤り訂正や誤り耐性量子コンピュータの研究をしてきたが、実現には程遠いと思っていた。理論研究の立場からずっと、許容できるエラー確率のしきい値と格闘してきた私にとって、そのしきい値を下回る低雑音の量子演算がたった5量子ビットとはいえ実現する瞬間に、こんなにもすぐに立ち会えるとは思っていなかった。

ちょうど2014年の量子情報に関するアジア地域の国際会議が京都で開催されることになっており、マルチネスが招待講演者として呼ばれることになっていた。この機会に、大阪大学で量子コンピュータの実現にスコープを絞ったサテライト研究会を開催することにした。そして、マルチネスをサテライトワークショップにも招待した(図26)。

マルチネスは超低雑音の量子ビットを実現するためのエンジニアリングの詳細について徹底的に語っていた。正直、理論を専門とする私にとっては、超伝導回路設計におけるエンジニアリングやノイズ対策の詳細の理解は難しかったが、とうとう量子コンピュータもこのようなエンジニアリング段階に入ったという衝撃を感じた。

図26　2014年8月25日大阪大学にて

左から順に、北川勝浩、根来誠、藤井啓祐、オースチン・ファウラー、ジョン・マルチネス

マルチネスの京都から大阪への移動は、私が案内することになっていた。阪急電鉄と大阪モノレールを乗り継いで千里中央のホテルまでマルチネス教授を送り届けるまでのあいだに、量子コンピュータ実現に向けた展望を根ほり葉ほり本人に聞く機会を得た。一番印象に残っているのは、次の言葉だ。

「大学の研究体制では学生は論文を書いて卒業する必要があるので、どうしても基礎的であったり、論文が書きやすいようなファンシーな(見た目が派手な)テーマの研究をする必要がある。しかし、本当に量子コンピュータを実現したいなら、究極的なエンジニアリングをしなければならない。そのためにはファンシーなテーマに目もくれず、ただひたすら量子コンピュータの実現だけに興味があるギーク(オタク)たちが必要だ。今世界でそのようなギークが20人以上いるのは我々のグループしかない。このようなギークな研究者たちを我々は守り続けないといけない。」

実際、当時の量子コンピュータのための実験研究は、大規模な量子コンピュータの実現のためのエンジニアリングというよりは、量子コンピュータという大義名分で研究予算を獲得するものの、実際にはもっと基礎的なモチベーションで研究を行う、というスタイルが少なからず世界的にあった。

マルチネスがグーグルとNASAのチームと共同研究していたことは知っていたので、「グーグルなんかが量子コンピュータを本当に実現するための研究所を作ってくれないですかね?」と冗談半分で言ったことをよく覚えている。その時は肯定しなかったが、まさかそれがすぐに現実になるとはまったく思っていなかった。大阪大学でのサテライト研究会の翌週、グーグルがマルチネスをグループごと取り込み量子コンピュータのデバイス開発に乗り出すことを発表したのだ。後のマルチネスへのインタビュー記事(参照:日経サイエンス、

2018年4月号、古田彩編集長)によると、

「グーグルは以前から量子コンピューターに関心があり、NASAと一緒にカナダのD-Wave社の量子アニーリングマシンを購入して研究を始めた。私はトロイヤー(Matthias Troyer、チューリヒ工科大学教授)とともにその計算能力の検証に当たった。面白いマシンだが期待したほどパワフルではなく、大幅な加速は望めないことがわかった」

とのことであった。

量子アニーリングマシンは、万能な量子計算はできない。その代わり、系の制御に対する要求が少なく、2000量子ビットを超えるたくさんの量子ビットを集積化した。多少ノイズがある状況でも動作し、それなりの答えを得ることができる。現在の技術を用いてこの規模の量子系を動かすための最適解かもしれない。

しかし、ノイズがあっても動く、制御に対する要求が少ない、という点は、究極的な量子コンピュータを実現するという目標に向かうための工学的な近道を見つけたわけでは決してない。ノイズの存在や制御の容易さは、量子性の関与の少なさを意味し、これまで説明してきたような量子性による計算の加速がある可能性も必然的に少なくなるだろう。当然、その計算能力は万能量子コンピュータに比べると限定的なものである。そういった技術的詳細を専門家から聞いたグーグルはマルチネスをグループごと取り込み、独自に超伝導量子ビットを開発し、万能量子コンピュータを目指す方向に舵をきったのである。

巨人たちが動く

この突然現れた夜明けに各国政府や産業界の反応は予想以上に速く、量子コンピュータを取り巻く環境は一変した。これまで、量子コンピュータに消極的だった研究者も意見を180度変え、どのようにすれば大規模なシステムを構築できるか、近未来に実現する小規模な量子コンピュータをどのように有効活用できるか、を議論するようになった。まさに潮目が変わった瞬間であった。

量子情報科学分野の黎明期から基礎研究を続けてきたＩＢＭも人員を増やし、また、2016年には小規模ではあるが5量子ビットの量子コンピュータをクラウドで公開し、誰でもタダで利用できるIBM Q Experienceというサービスを開始している。

ＩＴ業界の巨人であるマイクロソフトも黙ってはいない。マイクロソフトも古くから量子コンピュータの基礎研究を行ってきた。それを加速させ、複数の大学との大型の共同研究や、量子コンピュータのためのソフトウェア開発環境を提供している。

また、イギリス、オランダ、そしてＥＵではそれぞれ100億円から1000億円規模の国家プロジェクトがスタートし、中国も無尽蔵に量子技術分野に研究開発費を投入し、巨大な研究センターの建設を進めており、その額は1000億円とも1兆円とも言われている。

現在、中国と貿易戦争を繰り広げている米国も、量子技術を安全保障に不可欠のものとして位置づけ、1000億円規模の予算の法案を2018年末に議決した。

1957年にソビエト連邦が人類史上初の人工衛星（スプートニク1号）の打ち上げを成功させた後、宇宙開発競争に打ち勝つべく、1958年NASA（アメリカ航空宇宙局）が設置され、有人宇宙飛行を目指した時代さながらの量子コンピュータ開発競争が始まろうとしている。

このような開発競争において注目すべきは、ITを含む科学の進歩を最前線に立ってリードしてきた経済大国とは言えない、オランダ、シンガポール、カナダなどの国が巨額の予算を投資していることである。我が国においても、これらの金額には及ばないものの2016年頃から量子技術への支援が急激に増加しており、次の10年に向けた研究開発、人材育成、そして産業界との連携のための量子戦略が今まさに練られているところである。

政府や巨大企業だけではない。量子ベンチャーの起業も活発化している。IBMからスピンオフした、リゲッティ・コンピューティング（米国）という超伝導量子コンピュータのハードウェアベンチャーや、イオントラップ分野のリーダーであるクリス・モンロー率いるIonQ（米国）が、数十億円から100億円規模の資金を投資家から集めることに成功している。また、カナダでは、光量子コンピュータのハードウェアベンチャー、ザナドゥ（Xanadu）が最近数十億円を調達した。

ソフトウェア分野でも、1QBit（カナダ）、量子コンピュータの量子化学分野への応用の先駆者であるアラン・アスプルグジックら率いるザパタ・コンピューティング(Zapata Computing、米国)などたくさんのベンチャー企業が世界で立ち上がってきている。筆者も、東京大学で助教をしていた頃に知り合った東大の学生、大阪大学の共同研究者とともに、量子コンピュータのソフトウェア会社、キュナシス(QunaSys)の起業に関わり、技術顧問として協力している。現在オフィスは東大のお膝元の本郷にあり、東大や京都大学、そして海外の大学卒の社員に加え、量子コンピュータに興味をもつ東大の学生インターンらが日々世界最先端の研究開発を行っている。

もちろん量子コンピュータは今すぐ社会実装できるほど簡単な挑戦ではない。基礎研究と開発や実装そしてビジネスをバランス良く行う必要がある。このため、これらの世界の土俵で戦うベンチャー企業では、学術界で研究をリードする研究者が参加し、産学連携の協業体制が敷かれているところも、量子コンピュータベンチャーの特徴である。

第III部

量子コンピュータの挑戦

8章　量子超越をめざして

極限的に複雑な世界へ

マルチネス率いるグーグルは、スーパーコンピュータを超える計算能力をもつ量子コンピュータを実現し、近々、量子超越を実証すると言っている。量子超越とは、量子コンピュータが従来型のコンピュータ（古典コンピュータ）よりも高速であることを指す。すなわち、量子性によって計算が加速されるという物理現象を実験的に実証しようという人類史上初の試みが進行中なのだ。

２０１１年にプレスキルがソルベー会議において「量子コンピュータによるエンタングルメントフロンティア」という題目で講演した時に、quantum supremacy（量子超越）という言葉がはじめて登場した。

現代の物理学は様々な種類の極限的な世界を探求している。例えば、素粒子や超弦理論に代表されるような高エネルギーの極限的な世界があり、物性物理学では、超伝導やトポロジカル秩序など量子ゆらぎが支配する極限的な低温世界を探求している。そして、最近観測された重力波やブラックホールは宇宙そのものを実験装置として使うほどの大きなスケール・大質量の極限的な世界がターゲットとなっている。

そのような現代物理学の中で、量子情報科学とは、情報や計算の複雑さという尺度で極限的に複雑な世界のフロンティアを探求する物理であると言える。そして、量子デバイスの進展によって、我々はこのような極限的に複雑な世界へと足を踏み入れつつある。

２０１９年現在すでに実現されつつある50～１００量子ビット程度の量子コンピュータがあったときに何ができるだろうか？　古典コンピュータでは到達できないであろう極限的に複雑な世界、すなわち量子超越に到達することができるであろうか？　それを科学的に定量的に検証することができるだろうか？

量子超越によってどのような新たな物理世界が見えてくるのかを探求しよう、というのがプレスキルの講演の趣旨である。

計算の複雑さの測り方

量子超越のゴールは、量子の原理で動作する量子コンピュータを用いて、古典コンピュータよりも高速に計算できることを定量的に実証することである。量子コンピュータが古典コンピュータよりも高速であるというときには、単純に短時間で答えを出せるというものだけではなく、もう少し強い意味がある。計算の規模(サイズ)をNとしたとき、古典コンピュータではNに対して指数関数的に計算時間が増大してしまうような問題に対して、量子コンピュータを用いてNに対する多項式的な計算時間に抑えこむことができるか？といったことを目標にしている。

例えば、問題のサイズNに対して古典コンピュータでは2^N秒(指数関数的)かかり、量子コンピュータではN^2秒(多項式関数的)かかるような問題があったとしよう。N＝2の場合は、ともに4秒かかることになりあまり差は開かない。しかしN＝10の場合には両者の差が大きく開き、古典コンピュータでは約17分、量子コンピュータでは100秒かかることになる。さらにN＝50の場合を考えると、古典コンピュータでは約3600万年、量子コンピュータでは約42分ということになる。

もちろん古典コンピュータと量子コンピュータで単位時間あたりに計算できるステップ数(クロック周波数)は違うので、1000×N^2のように定数倍の係数が量子コンピュータの計算時間につくこともあるかもしれない。このような場合は、小さい問題サイズに対しては、量子コンピュータの方が遅くなるような状況もあるだろう。しかし、例えばN＝50の場合、量子コンピュータであれば1000倍したところで約1か月になるだけで、古典コンピュータの約3600万年との差は依然として莫大なものだ。

このように古典コンピュータで指数関数的な時間がかかる計算に対して量子コンピュータ

を用いて多項式関数的な時間で答えられるようなとき、指数関数的な加速があるという。問題のサイズに対してかかる計算時間の依存性（多項式的か指数的か）でコンピュータの計算能力を比較することをスケーリングによる比較という。通常、計算複雑性の分野で計算能力を比較するときにはスケーリングが用いられていることが多い。

物理現象の複雑性

古典物理学で動くような物理系であっても、古典コンピュータを用いてシミュレーションすることが難しいような系はたくさんある。例えば、流体のシミュレーションなどがその一例であり、風洞実験などにおいてアナログコンピュータが現在でも使われていることは2章で述べた。

では、このような風洞実験マシンは、量子コンピュータと呼べるだろうか？　おそらく、これを量子コンピュータだと呼ぶ人は誰もいないと思う。そこにある物理法則は古典力学なのだから。そうするともう一つ疑問が浮かぶ。古典力学でも古典コンピュータよりも高速に計算できるということだろうか？　これは正しいとも言えるし正しくないとも言える。コンピュータの速さの定義によるだろう。

コンピュータの速さの定義として実際に計算する時間を用いるとする。実際に物理法則を用いてシミュレーションをした方が、コンピュータによるデジタルシミュレーションよりも圧倒的に速いであろう。これは、一つに、例えば、車の周りを流れる空気や複雑な車の形状を精度高くシミュレーションするためには、ありとあらゆる点における空気の圧力や、車の形状による境界条件を取り込んで、たくさんの変数からなる連立方程式を解きながら、シミュレーションをする必要が出てくるからだ。実際の自然界の現象であれば、たくさんの自由度が自然によって確保され、その時間発展も物理法則に従ってただそのまま時間を進めるだけで並列的にシミュレーションが行われる。つまり、たくさんの変数に相当する自由度とそれに対する並列計算が自然によって行われている。

2章で言及したように最近では、高い並列度で計算をすることができるコンピュータも登場している。演算装置の一つであるＧＰＵなどはその代表例で、そもそも３Ｄゲームなどに使われるＣＧ(computer graphics)の計算を高速化するために開発され、現在ではＡＩなどいろいろな用途に利用されている。究極的には、演算の並列度が、興味のある現象が含む自由度及び精度と同程度になれば、古典力学で記述されるような物理系はシミュレーションできてしまうだろう。現在でもかなりリアルな波や雪などが物理シミュレーションできるようになってきている。

もちろん、車や飛行機に対する風の流れといった巨大な系を完全にシミュレーションするには既存の計算機の並列度はまだまだ足りず、風洞実験マシンの方が速く正確かもしれない。しかし、古典力学で動いている系であり、要求される変数の精度も有限である以上、古典コンピュータに比べスケーリングにおいて指数的な差が生まれるようなことはないと考えられる。

一方で、量子力学に従ってふるまう物理系になると話はまったく異なる。まず、実際にシミュレーションしたい対象に含まれる粒子の数に対して指数的にたくさんの変数(確率振幅)がシミュレーションに必要になることはすでに指摘した。つまり、計算の原理を古典物理学にしたまま、コンピュータを大きくしても、量子力学に従う物理系のシミュレーションに必要な大きさには全然追いつけないのである。また、仮に、大量の古典コンピュータを並列することができたとしても、一つの量子的な粒子に対する操作が、古典コンピュータ上ではすべてのデータを更新する必要がある大域的な操作になり、計算コストを分散することも難しい。このため、量子系のシミュレーションは、単純に古典コンピュータをたくさん並べて並列度を上げればなんとかなるという問題ではない。ファインマンが指摘したように計算原理を量子力学にしないと解決できない本質的な問題なのだ。

このため、量子力学に従ってふるまう物理系のシミュレーションには、古典コンピュータと量子コンピュータのあいだでスケーリングとして指数的な計算速度の差が生まれうる。グーグルなどが目指すマイルストーンである、古典コンピュータを超越した量子コンピュータによる計算の加速とは、スケーリングによる指数関数的な計算の加速実験を計算機科学的に検証しようということなのである。

量子超越への道筋

グーグルの計画では、ランダムな量子回路からなる計算をグーグルが開発する量子コンピュータで実行する。その出力は当然ランダムなもので何かの問題を解いたり、役に立つものではない。量子超越では、その出力が役に立つかどうかは二の次で、まず量子によって計算を加速し、古典コンピュータを凌駕することができるか？ということを実証することが優先される。一見でたらめに見えるようなランダムな量子計算をし、それがきちんと設計したとおりの出力になっているかを検証しようというのである。

もっとわかりやすいショアの素因数分解アルゴリズムなどを実演すればよいと考えるかもしれない。しかし、残念ながら今の規模の量子コンピュータで実行することができる素因数分解のサイズは小さいため、スケーリングを見るには物足りないだろう。例えば、50量子ビットを用いて実現したとしても、そのような量子コンピュータを用いた素因数分解アルゴリズムに対して入力することができる整数の大きさは50ビットまでである。素因数分解アルゴリズムに使うための補助量子ビットを考慮すると実際には、もっと少ないビット数の整数しか入力できない。一方で、難しいとされる素因数分解問題を解くには、１０２４ビットは必要になる。実際、７６８ビットの素因数分解は、１７００台のコンピュータ（単一コア）で約1年間に相当する計算時間をかけて解かれてしまっている。現在のＲＳＡ暗号では２０４８

ビットの公開鍵が利用されているくらいだ。このため、素因数分解などの問題では、50量子ビットでは古典コンピュータにまったく歯が立たないのが現状である。さらに、素因数分解の場合、この問題を多項式時間で効率良く解くことができる古典アルゴリズムが見つかってしまう可能性も否定はされていない。

このため量子超越への挑戦は、今の量子コンピュータの規模で最も量子コンピュータが得意とする計算を対象とするべきであろう。また、量子コンピュータの優位性を支える根拠も、今後効率の良い古典アルゴリズムが見つかるかもしれない素因数分解のような個別の議論よりも、より強力な計算量理論に基づいたものが求められる。

古典コンピュータとの戦い

一方、量子コンピュータの出力が正しいかどうかの検証については、２０１９年現在世界トップのスーパーコンピュータであるサミット(Summit)を用いることが計画されている。まさに、量子コンピュータ対スーパーコンピュータの直接対決である。

1秒間に20京回の演算ができるサミットをもってしても50量子ビット程度の量子コンピュータをシミュレーションするとステップ数が少ない計算であっても数時間かかる。消費電力にして、数百万ワット規模になる。ステップ数が増えるにつれ古典コンピュータが要する時間は指数関数的に増えていく。

同じく50量子ビット規模の量子コンピュータを現在開発中のＩＢＭは、サミットの製造元でもあり、スーパーコンピュータ技術には一日の長がある。50量子ビット規模の量子コンピュータをうまくシミュレーションしている。ただしこれもステップ数が少ない場合のみだ。

中国も負けていない。２０１７年までスパコンランキングのトップを、天河二号とそれに続く神威・太湖之光が5年間占めるほど、国家の重点分野としてスパコン領域に取り組んできた。２０１８年5月に、中国のネット通販大手のアリババは、自社のスーパーコンピュータを使って50量子ビットを優に超える64量子ビットの量子コンピュータを2分以内でシミュレーションすることができたと発表している。１００量子ビットを超えるような量子コンピュータであってもステップ数の少ない計算であればシミュレーションできる。アリババも超伝導量子ビットを用いた量子コンピュータを開発中である。

冷戦当時月面到着を競い合っていた頃のように、今まさに誰が量子超越を世界ではじめて実証するのか？という国をまたがった量子コンピュータの開発競争が始まっている。と同時に、生まれたばかりの量子コンピュータ対、過去50年以上をかけて成熟してきた古典コンピュータという仁義なき戦いが繰り広げられているのだ。

我が国においても、京コンピュータの次世代機、富岳が近々稼働するようにスーパーコンピュータもこれから進化するであろう。また、スーパーコンピュータ上で量子コンピュータをシミュレーションする方法もまだまだ改善の余地はありそうだ。しばらくは、量子コンピユータと古典コンピュータのつばぜり合いが続くのではないかと思われる。しかし計算のステップ数が増えるにつれ、古典コンピュータは圧倒的に不利になる。そして古典コンピュータの限界を超えるようなステップ数の計算を可能とする高精度な量子コンピュータがほぼ実現されていると言ってよい。

グーグルの量子超越

グーグルが開発した量子コンピュータが量子超越に到達したという結果が学術誌ネイチャー(Nature)から2019年10月23日に発表され、新聞やテレビのニュースなどで取り上げられている。この1か月ほど前から、グーグルの成果がグーグルと共同研究を進める米国NASAのサーバーからリークし、英国フィナンシャル・タイムズ誌が報道して話題になっていた。グーグルは、53量子ビットを搭載したシカモア(Sycamore)と呼ばれるチップを用いてランダムな量子回路を実行してビット列をサンプリングした。十分な正確さ(忠実度)でサンプリングできていることは、量子ビット数や計算のステップ数をあえて少なくした簡易版の計算に対して従来コンピュータと比較することによって検証されている。また、それらの結果から53量子ビットのすべてを使った場合、量子コンピュータで200秒かかったタスクを従来コンピュータで実行すると、スーパーコンピュータでも1万年かかると結論づけている。つまり、史上はじめて量子力学の原理で動く量子コンピュータが古典コンピュータの速さを超えたのである。ＮＡＳＡからのリークの段階でＩＢＭはすぐさま反応し、シミュレーションに1万年も必要なく2日半ほどで十分であるという見積もりを発表した。量子コンピュータの開発を進めるとともに現在世界最速のスーパーコンピュータ、サミットの開発元でもあるＩＢＭからの反論という形である。５章の表１でも述べたが、量子ビット数が増えると指数関数的に古典コンピュータ上で必要となるメモリが増大する。グーグルの見積もりでは、世界最大規模のスーパーコンピュータをもってしてもこのデータを一度に確保するには一次記憶装置（ＲＡＭ）の容量が足りないとし、計算を分割してシミュレーションする方法を採用した結果1万年という見積もりになった。一方、ＩＢＭの反論では、一次記憶装置だけではなく二次記憶装置（ディスクメモリ）まで用いることによって量子ビットの状態をすべて同時に確保できるというのである。実際、サミットには２５０ペタバイトの二次記憶があり、53量子ビットで約64ペタバイト、54量子ビットまではこのアプローチでシミュレーションできることになる。この反論はもっともであるが、それでも２００秒と2日半の差があることは依然として量子コンピュータが圧倒的に速いことを意味する。また、今後量子ビット数が少しでも増えるとこのアプローチは機能しなくなる。グーグルのチームを率いるマルチネスは、11月1日にカリフォルニア工科大学で行った講演で57量子ビット以上のサイズの量子コンピュータが近々実現すること、またチップは今回はじめてテストしたものであり演算の精度などをさらに改善する余地が十分にあることを述べている。今後、古典コンピュータももちろん進化するであろうが、量子コンピュータもそれを凌駕して進化していくとのことである。

このグーグルからの発表を受けて、仮想通貨のビットコインが一時的に暴落するなど、量子コンピュータが実現することによって暗号が解読されてしまうのではないか、という不安も出てきている。しかし、現在の量子コンピュータは、ノイズを含むアナログなマシンとしての量子コンピュータにとって得意で従来コンピュータにとって不得意な問題を計算させたにすぎない。出力はランダムなビット列であり、意味のあるものではなく、役に立つような規模の問題を解くために必要な量子誤り訂正機能も搭載することができない。このような現状で、ビットコインが暴落したり、暗号がすべて解読されてしまうという不安は明らかに行き過ぎた反応である。しかしながら、このような現在の量子コンピュータの現状を踏まえても、今回のグーグルの成果は科学技術史上重大な成果である。量子力学の原理で動作し、プログラム可能で万能性があり、数学的にきちんと計算ルールを記述することができ、従来のコンピュータ上でシミュレーションを行う最速アルゴリズムでも量子ビット数や計算ステップ数に対して指数関数的に時間を要するような計算をするマシンを史上はじめて実現し、スーパーコンピュータよりも速く特定のタスクを実行できることが実験的に示されたのだ。5章で述べた拡張チャーチ＝チューリングのテーゼへの反証とも言える。また、２０１４年の５量子ビットからスタートし、２０１５年の９量子ビット、２０１７年の22量子ビット。そして量子ビット配列を1次元から2次元配列に進化させ、さらに接続方式を新しくして今回の2019年の53量子ビットへと進んでいる。5量子ビットや22量子ビットは我々が使っているノートPCでも簡単にシミュレーションできる規模だということを考えると、ここ数年の進化は順調すぎると言ってもよい。ちょうど、量子コンピュータがスーパーコンピュータと比較するに値するレベルまでこの5年で到達したと言える。

ネイチャー誌の解説記事でも触れられていたが、今回の偉業はまさにライト兄弟における最初の有人飛行のようなものである。たった12秒のフライトであり当時まったく役に立つようなものではなかったが、今から振り返ると現在の飛行機に繋がる重要な最初の一歩であった。さらに、我々量子コンピュータの研究をする研究者にとっての究極的な目標は、飛行機にとどまらずいわば地球から飛び出し月に到達することができるようなロケットを作ることである。5章で述べたような量子誤り訂正を搭載した、誤り耐性量子コンピュータを実現することである。そしてそれを実現するためには、さらに10年や20年といった研究開発が必要だと思われている。今回この長い挑戦のスタート地点にやっと立つことができたのだ。

自然を検証することの難しさ

古典コンピュータを超越しているということは同時に量子コンピュータの出力結果の検証が難しいことも意味する。そもそも誰も検証に使うための量子コンピュータをもっていないので、一見でたらめに見えるランダム量子回路からの出力が与えられたときに、きちんと正しい答えになっているのかを簡単に検証することができない。量子コンピュータを検証するためには量子コンピュータが必要になるというジレンマにおちいる。もちろん、複数の量子コンピュータが登場する頃になれば、互いの結果を検証させることが可能であろう。しかし、きちんと動く(と期待される)量子コンピュータが一台しかなかったときに、その量子コンピュータが正しく動いていることを検証することができるであろうか？

この検証可能性問題は一見、技術的な問題のように見えるが、自然科学の根底に関わる問題である。そもそも自然科学では、仮説を立てその仮説に基づいて実験を行い、その仮説が正しいか、間違っているかを検証する。その仮説が間違っていたときには、間違っているということを指摘できなければ健全な科学にはならないだろう。もし、正しく動作する量子コンピュータが実現したかどうか、そもそも量子コンピュータをもたず計算能力において非力な我々が検証できなければ、量子コンピュータを実現できるかどうかというチャレンジは自然科学の健全な対象にならないであろう。

このような量子コンピュータの検証可能性の問題も、現在研究が活発に進められている一つの大きなテーマである。興味深いことに、検証可能性は計算機科学においても古くから研究されてきた。それは問題を定義するための一つの方法として利用されている。問題の難しさを測る一つの方法は、答えを導き出すために必要となる計算ステップ数である。ただし、それだけでは難しい問題をより詳細に分類することができない。そこで、答えを導き出すために必要な計算ステップ数の代わりに、答えの候補が与えられたときに、その答えが正解であるかどうかを検証することに必要な計算ステップ数で問題の難しさを測るのである。

例えば、１０４６４７という数字を素因数分解せよ、と言われるとなかなか答えることはできないが、１０４６４７は２２７で割り切れますか？と聞かれると、中学生でも割り算を実際に行って２２７が正しい因数になっているか検証することができる。

このような答えの候補が仮にも与えられたときに、それが正しいかどうかを検証することが効率良く（問題サイズの多項式関数的時間で）できる問題のことをＮＰ問題と呼ぶ。もちろん答えの正しい候補を見つけるためにどれくらい計算ステップがかかるかはわからない。一方、正しい答えそのものを効率良く見つけることができる問題は、Ｐ問題と呼ばれている。明らかに、ＮＰ問題の方が答えを見つけることは難しそうであるが、ＮＰ問題はＰ問題よりも真に難しいのか、もしくはＮＰ＝Ｐであるのかは、未解決問題である。

ＮＰ問題はすごく難しい問題も含むため、残念ながら、ＮＰ問題すべてを量子コンピュータで解けるとは思われていない。幸運なことに、素因数分解問題は、今のところ古典コンピュータでは簡単に解く方法が知られていないＮＰ問題にもかかわらず、量子コンピュータでは簡単に解くことができる。つまり、誰かが量子コンピュータの会社を設立したとしよう。その会社は独自に量子コンピュータを開発し、クラウドで使える環境を提供していると主張する。その量子コンピュータが本当に量子コンピュータとして機能しているかどうかを知りたければ、まず素因数分解問題を解かせてみればいいのである。本当に量子コンピュータがあればきっと答えてくれるはずだ。計算パワーにおいて非力な我々は、出てきた答えが本当に正しいかどうかだけを検証すればよいということになる。

素因数分解は特殊な一例であり、仮にも素因数分解問題を古典コンピュータでも効率良く解くことができるアルゴリズムが見つかってしまった場合には上記のストーリーは破綻する。そのような状況を踏まえ、どのような問題設定にすれば、量子コンピュータから得られた回答から、もっと強い意味で量子コンピュータの存在を検証できるか、ということが研究されている。

物理学者が日々仮説を立て、それを実験で検証するという営みは、まさに古典コンピュータしかもたない我々が、自然＝量子コンピュータを検証する問題になっている。はからずも、量子計算分野の研究者は、物理学の根幹に関わる重要な研究をしていることになる。また、NP問題を拡張し、量子コンピュータで効率良く答えを検証できる問題というものを定義することによって、量子コンピュータを手にした人類がどのように自然を理解することができるか？といった未来の知見をも教えてくれる。

9章 量子コンピュータはスパコンに勝てるのか?

これまで見てきたように、グーグル、ＩＢＭ、インテル、そしてマイクロソフトといった巨大ＩＴ企業たち、そしてＤ-Ｗａｖｅ社、リゲッティ・コンピューティング、ＩｏｎＱなどのベンチャー企業が量子コンピュータの開発に熱心になっている。特に最近では、様々な種類の〝量子〟コンピュータもしくは量子力学から着想を得た専用計算機が登場してきている。しばしば、スパコンの○○倍速いという言葉でそれらのマシンの性能が謳われたりする。

量子コンピュータは本当にスパコンに勝つことができるのだろうか？　これに対する答えは人それぞれだと思われる。まず前述のような量子超越の意味、つまり量子コンピュータにとって得意な問題においてそれが役に立つかどうかは置いておいて、実際の量子コンピュータと古典コンピュータで比べたときに、量子コンピュータの方が正確でかつ計算時間が指数的に速い、という意味であれば、8章で述べたように、本書が刊行される頃には議論の余地はあるものの達成されているだろう。

しかし、素因数分解、量子化学計算、組合せ最適化問題などの高度な量子アルゴリズムを必要とするものについては、量子コンピュータの優位性が理論的に知られているものの、現在の量子コンピュータの規模はまだ小さいため、スパコンにとってベストな方法でこれらの問題を解いた方が圧倒的に速い。これらの量子アルゴリズムで優位性を得るためには誤り訂正を搭載した大規模な量子コンピュータが必要であり、少なくとも10年から20年の基礎研究が必要であると考えられる。

ＮＩＳＱはノイズとの戦い

そのような中、近未来的に実現するような数十量子ビット、もしくは数百量子ビット程度の小・中規模の量子コンピュータを何らかの役に立つ利用へとつなげようという研究が最近になって増えてきている。プレスキルが「ＮＩＳＱ時代とその先の量子コンピュータ」と題した講演でそうした方向性を打ち出した。ＮＩＳＱとは、Noisy Intermediate-Scale Quantum Technology の省略で、多少のノイズも含む中規模の量子技術のことを指す。１００万量子ビットなどの大規模な量子コンピュータができるまでの今後数年から10年程度はこのＮＩＳＱが主役を担うと主張されている。

確かに、ここ数年の技術的な進展は堅実に行われていて、5年前では想像できないような数十量子ビットの制御が高い精度でできるようになってきている（図27）。次の5年では、１００量子ビット、さらには数百量子ビットの量子コンピュータが登場するであろう。しかし、

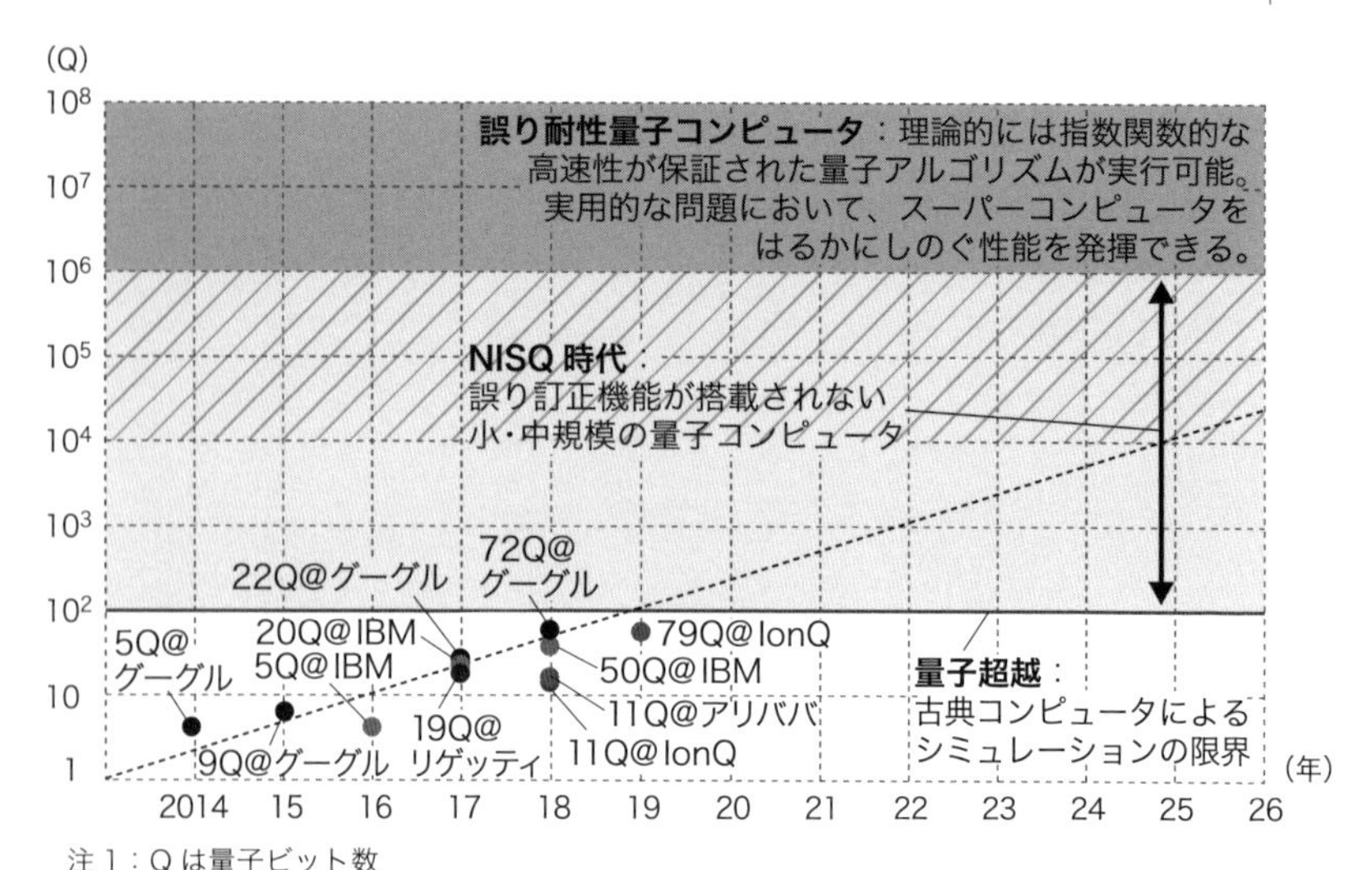

注１：Ｑは量子ビット数
注２：誤り耐性量子計算に必要な最低限のビット数は、理論の改善やデバイスのノイズレベルなどによって大きく影響を受けるため専門家の間でも意見が分かれており、１万～100万量子ビットと考えられている。

図 27　"量子版"ムーアの法則？

これくらいの規模では量子誤り訂正を搭載した誤り耐性量子コンピュータには量子ビットの数が少なすぎる。このため、ノイズを訂正するのではなく、ノイズがある演算を用いて計算結果を得るしかなくなる。

もちろん、ノイズはデバイスレベルでできるだけ抑えておく必要がある。例えば、個々の演算の忠実度（正しく動作する確率のようなもの）が現在到達しつつあるレベルの99・9％であれば、１０００個の演算を全体で行っても、$0.999^{1000} = 0.3676\cdots$となり、まだ０・３６８程度の忠実度が残されている。量子計算による出力をなんとか取り出すことができるレベルである。50量子ビットのデバイスがあったとき、各ステップでほぼすべての個々の量子ビットに対して量子演算を作用させるとすると、1ステップあたり50演算、1000個の演算が許されているので、20ステップ分の計算はなんとかできそうだ。

量子ビット数が増えると、同じステップ数の計算を実行したければノイズレベルをさらに下げて高い忠実度の演算を実現する必要がある。99.99％の忠実度であれば、1万回演算できるので、100量子ビットに対して100ステップ、200量子ビットに対して50ステップ程度の計算ができる。

このように、NISQ時代では誤り訂正を行うことができないので、長く計算を続けることはできない。利用できる演算の精度と量子ビット数から決まる有限のステップ数で計算を打ち切る必要がある。いわば3分後に地球から脱出しなければならない、ウルトラマンのような量子コンピュータである。このようなNISQ時代の量子コンピュータの能力を最大限に活かすためには、これまで培ってきた量子アルゴリズムとは少し異なった工夫が必要になる。

量子古典ハイブリッドアルゴリズム

NISQ時代の量子コンピュータをうまく活用するためには、古典コンピュータでもできる部分は古典コンピュータに分担してもらい、量子コンピュータにしかできないところを量子コンピュータが担当すべきである。このようなアプローチは、量子古典ハイブリッドアルゴリズムと呼ばれ、現在盛んに研究が進められている。

その一つが量子シミュレーションなどへの応用である。ファインマンが指摘したように、量子系に関する計算は、量子コンピュータを用いるメリットが明確である。我々の身の回りに存在する分子のエネルギーも、原子の周りを飛び回る電子によって決定づけられる。この電子がどのようなふるまいをするかは、これまで古典コンピュータを用いて調べられてきたが、量子ビットたちに電子のふるまいをさせることで、量子コンピュータ上で分子をシミュレーションしようという試みがなされている。

どのような電子の状態の重ね合わせを作ればエネルギーが最も低く安定な分子の状態になるかを、量子コンピュータ内のパラメータを調整することで見つけ出す。エネルギーの計算やパラメータの更新などは、量子コンピュータからの測定結果を用いて古典コンピュータで行えるので、量子古典ハイブリッドアルゴリズムになっている。また、量子コンピュータ上のパラメータを調整していくことで最適な量子状態を作り出すという意味で、変分量子アルゴリズムと呼ばれている。

変分的に量子状態のパラメータを調整しエネルギーを計算する方法は、古くから物理や化学の分野で研究されてきた。しかし、一般的には、古典コンピュータ上で量子状態を効率良く表現することはできない。これまで古典コンピュータのこのような制約のもと、うまく近似を導入したり、変数の省略方法を見つけ出すという工夫が行われてきた。

しかし、量子的な相関が強い、つまりエンタングルメントが強い物質の場合にはこのような方法はどうしても破綻してしまう。量子力学の原理で動く量子コンピュータ上で状態を表現する場合は、同じ量子状態を用いて表現することになるので、このような問題は生じない。

実際には、パラメータの調整方法や量子コンピュータ実機におけるノイズの問題などもあるためそう簡単にはいかないが、上記のような量子状態そのものを使って物質を表現する、ということを手がかりに、現在変分量子古典ハイブリッドアルゴリズムが研究されている。

量子コンピュータと人工知能

この変分量子アルゴリズムに、量子コンピュータと人工知能（AI）の接点がある。ここでいうAIとは、教師データから入力と出力の関係を学習し、未知の入力に対して、出力を推論する、機械学習のことである。例えば、手書き文字の認識であったり、画像から動物の名前を認識することができる。

このような機械学習における一つのスタンダードな方法は、ニューラルネットワークという人間の脳を模した構造を、学習モデルとして用いている。教師データに対して正しい出力が得られるように、どのニューロンからどれくらい次のニューロンに情報を渡すかというパラメータをうまく調整することになる。

現在、ディープラーニング(深層学習)を中心とするＡＩ技術が社会的に応用される段階になり、活況を見せている。しかし、このようなＡＩ技術の発展も、一筋縄にはいかなかった。１９５０年代、ニューラルネットワークの原型となるパーセプトロンが登場し第一次ＡＩブームとなる。しかし、当時のコンピュータの性能にも限界があり、期待されていたほどの潜在能力を発揮できなかった。その後70年代の冬の時代を経て、80年代に再びＡＩブームが訪れる。この時、パラメータを最適化するための誤差逆伝播という画期的な方法(甘利俊一によって１９６０年代に提案された)が定着しはじめた。この結果、ニューラルネットワークを文字認識や音声認識に利用できるようになるが、再び冬の時代を迎える。まだ、コンピュータの性能が足りなかった。

そして、２０００年代中頃に入り、ムーアの法則のまま指数関数的にコンピュータの性能が向上し、今度こそニューラルネットワークの真価が発揮できる土壌が整った。また、インターネットやデータベースの普及に伴い、精度良く学習するために必要な膨大なデータも用意できるようになった。より複雑なタスクをこなすために、多層化されたディープニューラルネットワークにおいて、パラメータをうまく調整する方法も見出され、今日のＡＩブームを迎えている。

ＮＩＳＱ時代の変分量子アルゴリズムも、パラメータを調整し、最適化を行うという点でニューラルネットワークと似ているところがある。実際、我々のグループは、２０１８年に量子コンピュータのパラメータを調整して機械学習を行う、量子機械学習アルゴリズム、量子回路学習を提案している。我々が発表してまもなく、米国ＩＢＭのグループが実際に実験を行い、その結果を自然科学において最も権威のあるネイチャー誌で発表した。同時期に、海外のグループからも量子機械学習アルゴリズムが提案されるなど、ＮＩＳＱデバイスを用いた量子機械学習の研究が活発化している。

しかし、これら変分量子アルゴリズムは、ＡＩブームでいうところの第一次ブームに相当するフェイズにいるにすぎない。まだまだ、量子コンピュータの性能はひ弱で、新たなアイデアを出している段階であり、過度な期待はあるものの実用になるにはまだしばらく時間を要する。また、ニューラルネットワークのパラメータ調整においてブレイクスルーであった誤差逆伝播法や、ディープラーニングで重要となるオートエンコーダーなどに相当するものを研究者たちが探索している段階だと言える。

今後、量子コンピュータの性能の向上とともに、量子コンピュータのパラメータ調整方法の知見が蓄積していくことによって、変分量子アルゴリズムは様々な用途に応用されていくことが予想される。そのためにも、今がまさに重要な段階なのである。

究極的な困難さへの挑戦

近未来的に実現するであろうＮＩＳＱマシンや、すでに実現している量子アニーリングマ

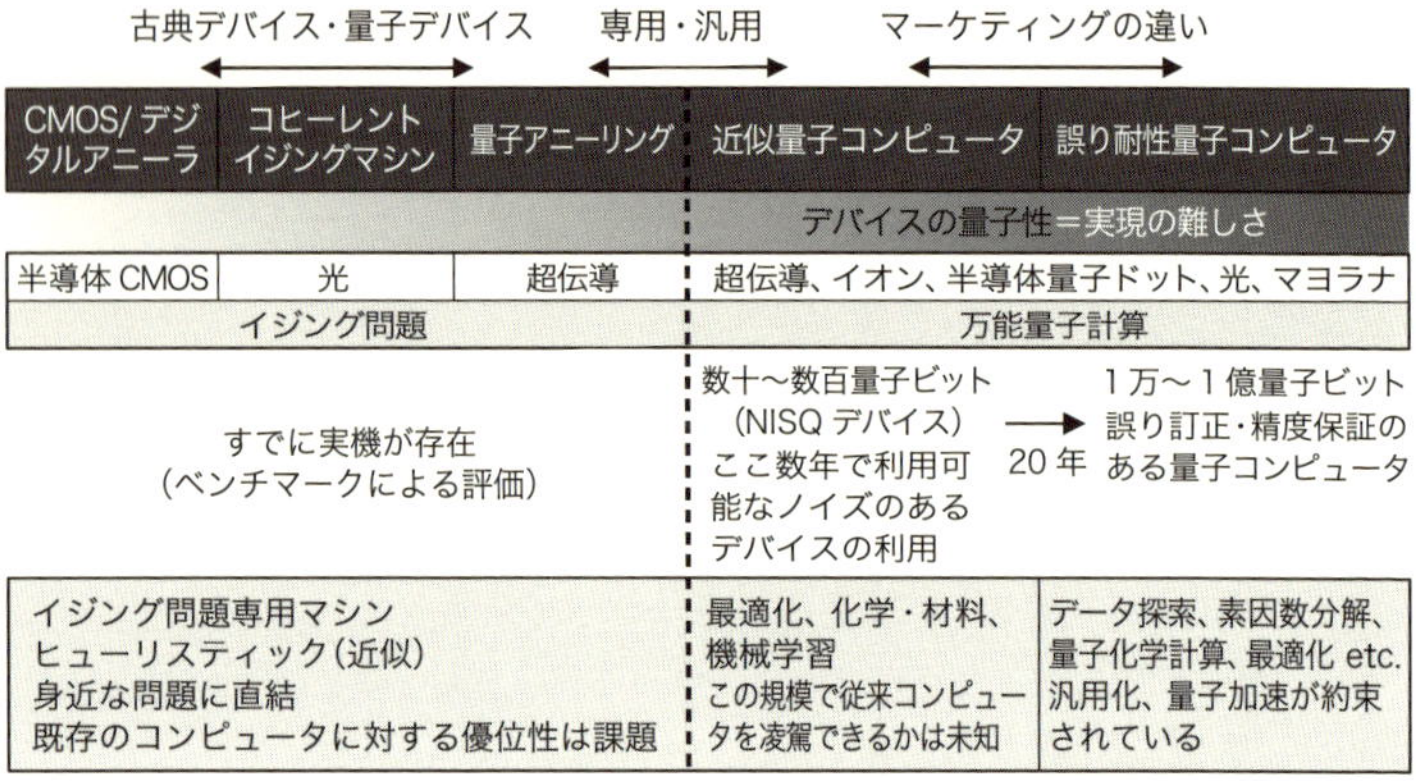

古典デバイス・量子デバイス　専用・汎用　マーケティングの違い

CMOS/デジタルアニーラ	コヒーレントイジングマシン	量子アニーリング	近似量子コンピュータ	誤り耐性量子コンピュータ
			デバイスの量子性＝実現の難しさ	
半導体 CMOS	光	超伝導	超伝導、イオン、半導体量子ドット、光、マヨラナ	
イジング問題			万能量子計算	
すでに実機が存在（ベンチマークによる評価）			数十〜数百量子ビット（NISQ デバイス）ここ数年で利用可能なノイズのあるデバイスの利用	→ 20 年 → 1万〜1億量子ビット 誤り訂正・精度保証のある量子コンピュータ
イジング問題専用マシン ヒューリスティック（近似） 身近な問題に直結 既存のコンピュータに対する優位性は課題			最適化、化学・材料、機械学習 この規模で従来コンピュータを凌駕できるかは未知	データ探索、素因数分解、量子化学計算、最適化 etc. 汎用化、量子加速が約束されている

図 28　量子コンピュータの種類と立ち位置

シンを含め、アナログな量子マシンが風洞実験の域を超えて、特定の役に立つ問題を解くための「計算機」として古典コンピュータを凌駕するためには、たくさんのハードルがある。

まず、計算機たるもの、その出力の精度を保証できなければならない。アナログなマシンは必ず、アナログノイズの影響を受けてしまって大規模化することができない。往々にして、アナログノイズを許容したときに、古典コンピュータで簡単に到達できるようなレベルに計算能力が制限されてしまうことが多い。また問題を限定すればするほど、従来の半導体デバイスを用いて専用マシンを作ったり特定の問題に特化した古典アルゴリズムを構築することができ、古典コンピュータのハードルはますます上がる。もちろん、個々の演算の精度が十分高ければアナログノイズの影響を考慮しても特定の問題においてスパコンに比べて優位性があるという可能性も大いにある。

一方、万能な量子コンピュータは、理想的な場合には計算の加速がすでに理論的に示されている。しかし、万能量子コンピュータの要求を満たすようにデバイスを作りこむことは究極の挑戦である。ノイズのあるデバイスでもそれが一定のレベルよりも低ければ、6〜7章で解説したように量子誤り訂正によって精度保証して信頼できる計算ができることも理論的に示されている。これを実現するためには、最低1万〜100万量子ビットが必要であると考えられている。しかし、この莫大な量子ビットの数と引き換えに、万能量子コンピュータはＮＩＳＱの域を超え、アナログマシンからデジタルマシンへと進化することができる。真の意味でスパコンを超える量子コンピュータは、誤り耐性のある量子コンピュータの登場を待たないといけないのかもしれない。

いずれにせよ、ＮＩＳＱマシンが、実用的な問題において古典コンピュータを凌駕する量子コンピュータたりえるのか、もしくは、誤り耐性のある真の量子コンピュータへの過渡期なのか、これからの進展から目が離せない。

10章 宇宙をハッキングする

量子コンピュータがもたらす未来

ここまで量子コンピュータのこれまでと現在について解説してきた。最後の章では、量子コンピュータが実現した未来について空想してみたい。

現段階から量子コンピュータの活用が期待されている分野は、材料や化学の分野である。高機能な材料は様々な側面から我々の生活を支えている。新たな材料の開発には様々な試行錯誤が必要になる。すべての材料を作ってみてからその物性を測るわけにはいかないので、コンピュータを用いたシミュレーションが行われることが多い。このような、シミュレーションにおいて古典コンピュータが苦手とする量子効果が重要になればなるほど量子コンピュータは威力を発揮するだろう。

例えば、2027年に開業が予定されているリニア中央新幹線は、レールの上を車輪で走行するのではなく、磁石を用いて浮上する磁気浮上方式を採用している。強力な磁石が必要になるので、超伝導物質でできたコイルに電流を流して作る超伝導磁石が利用されている。超伝導物質では、電流が抵抗なく流れるため、永久に電流が流れ続け、磁石になり続けるという利点がある。通常の電線を用いると抵抗による発熱で焼き切れてしまうであろう。現在は、約マイナス263度で超伝導状態になるニオブチタン合金を用いており、液体ヘリウム(約マイナス269度)で冷やしている。このヘリウムは産業界において欠かせない元素であり、現在世界的に枯渇が心配されている。より高温であっても超伝導になる高温超伝導物質が見つかれば、冷却に必要となる冷媒を液体窒素(約マイナス196度)に置き換えることができ、コストやエネルギーを大幅に抑えることができる。

また、常温で超伝導になるような物質をもし見つけることができれば、リニア中央新幹線だけでなく、発電所から各家庭までの送電での損失の削減など、その威力は計り知れない。

高温超伝導が発現するメカニズムはまだよくわかっていない。特に、電子が強く相関する超伝導現象を理解することは、スーパーコンピュータを用いても難しい。量子コンピュータがあれば、原子レベルで設計した物質の物性を自在にシミュレーションすることができ、高温超伝導現象のより良い理解や、新たな物質の候補を見つけることができると期待されている。奇しくも、量子コンピュータにおいて現在先頭を走るのは、超伝導量子ビットである。超伝導でできた量子コンピュータが、超伝導の現象を理解すべく計算をするような未来がくるかもしれない。

新機能材料

他にも、太陽電池やＬＥＤ・有機ＥＬなどの、光を吸収したり発光したりする材料も、量子効果が重要となる材料である。光と物質との相互作用を量子的に取り扱う必要があり、量子コンピュータを活用することでより効率の良い光機能材料を見つけることができると期待される。太陽光を取り込み酸素と栄養へと変換する光合成においても、その効率を上げるために量子効果がうまく効いているとされている。人工光合成の実現にも量子コンピュータが利用できるかもしれない。

エネルギーの有効活用や化石燃料への依存度を下げるためには、安全で容量が大きく、そして充電速度が速い蓄電池が不可欠である。我々の身の回りの電子機器だけでなく、家庭用の蓄電池や電気自動車に搭載される蓄電池など、需要は増える一方であり、単位体積あたりのエネルギー密度も増加している。このような蓄電池分野においても、その効率の向上を求めて、メルセデス・ベンツやフォルクスワーゲンなどが量子コンピュータの活用に乗り出している。

超伝導物質や光機能材料の他にも、いまだによく理解されていない量子現象はたくさんあるであろう。素粒子分野で理論的に予言され、最近物質中での発見が期待されているマヨラナ粒子もその一つである。マヨラナ粒子は、ノイズに強い量子ビットとして期待されている。

コンピュータを用いて、新たな材料が発見され、それらがコンピュータの性能向上に貢献してきたように、量子コンピュータによって発見された高機能材料が、より性能の高い量子コンピュータの実現に貢献するかもしれない。

分子の設計――触媒・創薬

身の回りの生活や生命活動にはいたるところで分子や化学反応が関わっている。原子が集まり、電子を共有することによって構成される分子の性質や化学反応を知るためには、量子効果を取り入れた計算が欠かせず、量子コンピュータの活用が期待される分野である。

食物を育てるために必要となる肥料には窒素が欠かせない。現在、窒素は空気中から固定化する必要があり、ハーバー－ボッシュ法という100年以上前に発見された手法が現在でも利用されている。窒素の固定化には現在世界の化石燃料由来のエネルギーの数%が消費されており、少しでも効率の良い触媒が見つかれば、エネルギーの消費を大きく抑えることができる。こういった触媒には遷移金属を含んでいて電子の量子的な相関が強いものが多く、量子コンピュータが活躍する格好の場となろう。

また、病気になれば薬を飲むことで治療することになる。薬の設計や候補の絞り込みのためには、薬を構成する成分を分子レベルでシミュレーションし、その構造や性質を知ることが必要となり、量子コンピュータの活用が期待されている。古典コンピュータでは膨大な計算が必要となるが、量子コンピュータを用いることによって量子的な効果を取り込み、精度の高いシミュレーションが可能になる。また、これら量子コンピュータ上で計算された結果をデータとして、量子ＡＩを用いた候補の絞り込みや、その効果の予測が可能となるであろう。

材料設計や分子設計の両方に共通する点は、これまで試行錯誤で膨大なノウハウが蓄積されてきた分野であることだ。このような分野では現在でも日本は世界トップクラスの技術やシェアを誇っている。一方、一時は世界トップシェアを誇った半導体分野では、日本は後塵を拝している。その一つの要因として、景気に影響を受ける半導体製造ラインを自社でもたず、半導体の設計や知財を集中的に開発するファブレス化に乗り遅れたことが挙げられる。材料や化学・創薬分野においても、ケモインフォマティクスやマテリアルズインフォマティクスというＡＩなどの情報科学的手法と従来のものづくりの手法の融合が行われつつある。そこに量子コンピュータを用いた物質のシミュレーションや、量子ＡＩを用いることができれば、材料や化学・創薬分野の研究開発の最初のステージにおいて、ファブレス化を行い、候補となる物質群を自動設計できるような時代が訪れるかもしれない。グーグル、ＩＢＭといったＩＴ企業や半導体メーカーが、こぞって量子コンピュータの研究開発やその化学・材料分野への応用に力を注ぐ意図が垣間見える。

仮想通貨と量子コンピュータ

これまでは、材料や分子など、量子力学が本質的に関与する領域での量子コンピュータの活用を見てきた。このような領域では何かを知るために手段としてコンピュータを用いている。一方で、近年のコンピュータの成熟によって計算そのものが価値を生むという現象が起きている。ビットコインに代表されるようなブロックチェーンを利用した仮想通貨は、中央銀行をもたないネットワーク上の分散台帳システムを利用することで成り立っている。決済の承認や正当性は、マイニング(採掘)という決められた計算をする行為によってブロックを鎖のようにつなげていくことによって担保されている。ここでも、NP問題という8章で説明した概念が利用されている。マイニングをして答えを見つけることは難しく時間のかかる作業であるが、逆にその答えを提示されれば分散ネットワーク上の誰もがその答えが正しいことがすぐにわかる。マイナー(採掘者)は、難しい計算をして決済を承認する代わりに手数料として新たなコインを得るという仕組みである。マイナーたちがブロックをつなげていくことになるので、過去に遡って決済を改ざんしようとすると、難しい計算を再びやり直し独自の鎖を作る必要がある。このため、悪意のあるノードの計算能力がネットワーク全体の計算能力の多数派にならなければ改ざんできない。

古典コンピュータであれば、総当たりでマイニングするところを、大規模な量子コンピュータがあればデータベース探索量子アルゴリズムを用いて加速することができる。全探索するとNステップかかるところが$\sqrt{N}$ステップになるだけなので、Nが大きい場合には、量子コンピュータでもマイニングには時間を要する。また、ビットコインでは仮想通貨の所有者が電子署名をし、所有者本人が決済を実行したことを保証する。この電子署名には楕円曲線暗号を用いているものもあり、素因数分解問題を解くショアの量子アルゴリズムを応用すると解くことができる。安全性は通貨の価値にも影響するので、量子コンピュータに耐性のある仮想通貨の研究開発が進められている。

ここまでは、量子コンピュータは既存の仮想通貨を攻撃する側であった。しかし、量子コンピュータでマイニングする量子ビットコインが未来には登場するかもしれない。難しい計算をすることそのものが価値を生むので、量子コンピュータにとっては有利な状況である。現在、仮想通貨をマイニングするための専用チップなどが開発されている現状を考えると、マイニングにおける計算力への期待から一気に量子コンピュータの開発が進むかもしれない。

量子性とセキュリティ

量子コンピュータは、計算速度に注目されがちであるが、量子性を利用することによって計算の量(計算速度)だけではなく質(セキュリティ)においても大きな変革を起こすことが可能である。量子暗号はすでに実用段階に入りつつある。量子暗号で通信ができる距離は数百km程度であるが、安全性を担保したまま距離を伸ばす量子中継技術も研究が進められている。この量子通信ネットワークが実現し、各ノードに設置された量子コンピュータが接続されると、質的にも量的にも情報処理は大きな変革を迎えるだろう。

覗き見ると壊れるという量子の性質を用いて改ざんから通貨を守る量子マネーや量子電子署名などがすでに提案されている。最近では、様々なクラウドサービスが利用されているが、その便利さと引き換えにセキュリティがしばしば問題となる。ブラインド量子計算は、顧客が量子サーバーにアップロードしたデータや、そこで行った計算など、すべてをサーバー側に秘匿することができる。

ソーシャルゲームの中には、抽選をして良いアイテムを得るという仕組みのものがある。この抽選が公平でなければ誰も課金をしてゲームをしたくないであろう。このような抽選の公平性を担保するうえでも、量子性を利用することができる。いわば神ですらわからない量子力学のランダム性を利用するのだ。ランダムなビット列を出力するという問題は、比較的単純な量子計算で実行できるので近未来に実現する量子コンピュータに向いているかもしれない。実際、グーグルが現在実現しつつある数十量子ビット規模の量子コンピュータの最初のアプリケーションは、検証可能な量子乱数生成機としての利用とのことである。

量子の決死圏

『ミクロの決死圏』というSF映画をご存知だろうか？　ミクロな潜水艦を使って、体の中に入っていき、病気の原因を治療するといった話である。4章の核スピン量子ビットのところで紹介した量子ビットの向きをそろえる超偏極技術を利用して、量子の決死圏を実現しようという話がある。人間ドックなどで利用されるMRIでは、造影剤を体内に注射し、がんなどの影響による代謝を検出することになる。この造影剤に含まれる核スピン（量子ビット）に対して、超偏極技術を応用することでMRIの感度を1万倍改善することができると、期待されている。MRIの感度が劇的に向上すると、短時間（リアルタイム）でも十分に高精度に代謝を調べることができる。がんの早期発見や、有効な抗がん剤の発見のための時間短縮などに期待される未来技術である。このように、ミクロの世界の究極的な制御を必要とする量子コンピュータのための量子技術は、コンピュータ以外にも、通信・センサー・医療など様々な分野において技術革新を起こしていくであろう。

これらが必ずしも量子コンピュータのキラーアプリになるかはわからない。そもそも、バベッジの時代、もしくはエニアックの時代に、ソーシャルネットワークやディープラーニングなどを思い浮かべることができた人はいないであろう。量子コンピュータが当たり前のようになった未来にこそ、現在量と質の両面から量子コンピュータの利点を最大限に活かした我々の想像を超えるようなアプリケーションが見つかるに違いない。

量子コンピュータは宇宙の箱庭

量子コンピュータが基礎科学，特に物理学にもたらすインパクトについて考えてみたい。これまで，物理学は新たな仮説を立て，それが正しいかどうか自然にお伺いを立てて，耳を傾けて現象を観察することによって発展をとげてきた。様々な極限的な環境で実験を行ったり，大規模な実験装置を作り上げ，現在の理論が正しいかどうかを確認してきた。しばしば，実験以外にもコンピュータによるシミュレーションを用いて検証を行うこともある。しかし，人類が作れる実験装置の規模(大きさやエネルギーの高さ)には必ず限界があるし，古典コンピュータによるシミュレーションにも計算能力の限界がある。

一方で，量子コンピュータは，自然界における最も根本的な物理法則である量子力学とまったく同じルールで忠実に動くマシンである。量子コンピュータが実現することによって，人工的に作り上げられたマシンを用いて宇宙で起きている森羅万象を同じ物理法則を用いてシミュレートし，実験することができるようになるかもしれない。例えば，量子力学と重力理論はいまだにどのように整合性がとれているのかが完全には理解されていない。一方で，新たな統一理論に至った場合，これらを実際に実験的に直接観測することは難しいであろう。しかし，その理論が正しい予言を与えるかどうか，整合性がとれているかどうか，実際に量子コンピュータを用いて実験してみることは可能であろう。実際，量子力学と重力との両方が強く関連するブラックホールのダイナミクスについて，量子コンピュータを用いた検証が提案され，すでにその実証実験が行われている。

他にも、ミクロな世界を支配する可逆な量子力学とマクロな世界を記述する不可逆な熱力学がどのように矛盾なく整合しているか、といった問題も現在基礎的な興味がもたれている問題でありそれを解決するための仮説が検討されている。実際の実験では外的要因を取り除くことができないが、寸分狂いなく動作する量子コンピュータがあれば、実際にミクロな世界とマクロな世界を量子コンピュータ上で緻密に再現することで、このような仮説も検証が可能になる。

以上のように、宇宙そのものと互換性がある量子コンピュータが実現することによって現実世界の実験と緻密に制御されたコンピュータ上のシミュレーションとの境界が曖昧になる。まさに、量子コンピュータはプログラム可能な宇宙の箱庭なのだ。

宇宙をハックする

大規模な量子コンピュータの登場はもうしばらく待たないといけないかもしれないが、量子コンピュータを実現するための取り組みはすでに多くの知見を物理学にもたらしている。量子コンピュータをデコヒーレンスから守るために見出された量子誤り訂正符号は、量子物質系の新奇な性質であるトポロジカル秩序や、高エネルギー物理学における重力理論と量子力学の対応(AdS/CFT対応)を研究するためのツールとして盛んに利用されている。量子情報処理のリソースである量子相関を定量化する理論は、物質系だけではなくブラックホールなど様々な物理における性質を定量化するために利用されている。これらは、実用に迫られて複雑な量子系を必死で理解しようとした結果生まれた理論的枠組みが物理に新たな視点を提供しフロンティアを切り開いているというところが非常に興味深い。

最近では、量子アニーリングマシンやＮＩＳＱマシンなど人工的に作られたプログラマブルな計算機の挙動そのものが研究対象になることが増えた。少なくとも人類が手にしたどのような物理系よりも圧倒的に複雑でかつ制御性が高く、そして再現性がある。こういった計算する機械そのものが自然科学である物理学における実験の対象になりつつあるのは非常に興味深い現象だと思う。これまで物理学の多くは、自然な現象につぶさに耳をすませ、実験をし、対象物を説明するための理論を構築してきた。人工的に作り出した、原子や材料なども当然その対象になるが、計算をする機械そのものが物理学の対象になりつつあることは、物理学においても大きな転換点であるように思う。また、このように人工的に作り出されたプログラミング可能な計算する機械が磁性体の相転移現象やトポロジカルな現象を物理現象として直接シミュレーションできる、実験の対象となっていることも興味深い。今後、このような人工的な計算する機械が、これまでつぶさに自然を観測するだけでは気づかなかった新たな物理に我々を導いてくれるであろう。

さいごに——量子の挑戦

これまで量子力学の世界はなかなか日常的には経験できない不思議な世界だった。もちろん今でも不思議であることに変わりはない。しかし、IBM Q Experience のように誰もがインターネット経由で量子コンピュータを動かし、その不思議を気軽に経験し、「量子の直感に基づいた経験」を積むことができる時代になってきている。このように身近に量子と接して育った、量子ネイティブ世代が量子の不思議を乗り越え、それを当たり前のように使いこなすような時代がそこまできている。量子ネイティブたちが量子コンピュータをハックすることによって、物理法則が織りなす複雑な世界の新たな知見を得、情報処理のパラダイムを根底から変えてしまうことを期待したい。

1億量子ビットを集積化し大規模な量子コンピュータを作ることは、火星に行くのと同様、数十年を要する極めて挑戦的なプロジェクトである。しかし、本書でも見てきたように、我々の科学技術の歴史は一つの真空管からスタートし、1億個のトランジスタを一つのCPUに搭載することができることを証明している。それが原理的に可能であれば、そして、多くの人の好奇心を惹きつけるものであれば、どんなに困難な挑戦であっても人類は決して諦めないだろう。

アポロプロジェクトは当時フロンティアだった月に到達するという目標のもとたくさんの

副産物を生んだ。量子コンピュータに向けたこの究極的に困難な挑戦もたくさんの副産物を生むだろう。そして、その果てに実現された究極の量子コンピュータこそが、本当の意味で古典コンピュータを超越する量子コンピュータなのである。そのような黎明期に、量子コンピュータの研究ができることを改めて幸運に思う。少しでも多くの読者にこの興奮が伝わることを祈り、本書の結びとしたい。

藤井啓祐

1983年大阪に生まれる．2002年大阪府立天王寺高等学校卒業．2006年京都大学工学部物理工学科卒業，2011年京都大学大学院工学研究科博士課程修了(原子核工学専攻)．博士(工学)．大阪大学特任研究員，京都大学特定助教，東京大学助教，京都大学特定准教授を経て，現在大阪大学大学院基礎工学研究科教授．

主著に『観測に基づく量子計算』(共著，コロナ社，2017)，*Quantum Computation with Topological Codes: From Qubit to Topological Fault-Tolerance* (Springer, 2015)．

岩波 科学ライブラリー 289

驚異の量子コンピュータ―宇宙最強マシンへの挑戦

2019年11月19日　第1刷発行
2023年10月5日　第6刷発行

著　者　藤井啓祐(ふじいけいすけ)

発行者　坂本政謙

発行所　株式会社 岩波書店
〒101-8002 東京都千代田区一ツ橋 2-5-5
電話案内 03-5210-4000
https://www.iwanami.co.jp/

印刷製本・法令印刷　カバー・半七印刷

ISBN 978-4-00-029689-2　Printed in Japan

●岩波科学ライブラリー〈既刊書〉

316 あつまる細胞 体づくりの謎
竹市雅俊
定価一八七〇円

細胞は、自発的に「あつまって」私たちの体をつくる。いったんバラバラにしても、また集まる。なぜ……⁉ 素朴な疑問から、細胞間接着分子カドヘリンの発見、そしてさらなる謎解きの旅路をたどり、発生の妙へと読者をいざなう。

317 宇宙の化学 プリズムで読み解く物質進化
羽馬哲也
定価一七六〇円

太古から人々は、虹という現象を介して太陽光が波長によって分かれる様子を目撃していた。この古くから知られる「分光」が、宇宙の物質進化を解明する鍵となる。さまざまな分野と結びついて発展してきた宇宙の化学の物語。

318 脳がゾクゾクする不思議 ASMRを科学する
仲谷正史、山田真司、近藤洋史
定価一五四〇円

ゾクゾク……、ゾワゾワ……、ウズウズ……。このような言葉で形容される感覚・反応であるASMR。謎に包まれたこの生理現象を科学的に解明することはできるのか？ 3人の研究者がそれぞれの専門領域から掘り下げる。

319 大規模言語モデルは新たな知能か ChatGPTが変えた世界
岡野原大輔
定価一五四〇円

ChatGPTを支える大規模言語モデルとはどのような仕組みなのか。何が可能となり、どんな影響が考えられるのか。人の言語獲得の謎も解き明かすのか。新たな知能の正負両面をみつめ、今後の付き合い方を考える。

320 竹取工学物語 土木工学者、植物にものづくりを学ぶ
佐藤太裕
定価一五四〇円

適度に硬く、しなやか。中空円筒構造。驚異の成長力。特異な生態、形状や性質ゆえに古くから日本人の生活に溶け込んできた竹は、時に厄介者扱いも受ける。そんな竹に魅せられ、種々の植物に工学の視点で挑む研究者の物語。

定価は消費税一〇％込です。二〇二三年一〇月現在